走进大自然

水生植物

王艳⊙编写

吉林出版集团股份有限公司

图书在版编目（CIP）数据

走进大自然．水生植物 / 王艳编写．－－ 长春 ： 吉林出版集团股份有限公司，2013.5

ISBN 978-7-5534-1609-0

Ⅰ．①走… Ⅱ．①王… Ⅲ．①自然科学－少儿读物②水生植物－少儿读物 Ⅳ．①N49②Q948.8-49

中国版本图书馆CIP数据核字(2013)第062686号

走进大自然·水生植物

ZOUJIN DAZIRAN SHUISHENG ZHIWU

编　　写	王　艳	
策　　划	刘　野	
责任编辑	李婷婷	
封面设计	贝　尔	
开　　本	680mm×940mm　1/16	
字　　数	100千	
印　　张	8	
版　　次	2013年7月　第1版	
印　　次	2018年5月　第4次印刷	

出　　版	吉林出版集团股份有限公司
发　　行	吉林出版集团股份有限公司
地　　址	长春市人民大街4646号
	邮编：130021
电　　话	总编办：0431-88029858
	发行科：0431-88029836
邮　　箱	SXWH00110@163.com
印　　刷	山东海德彩色印刷有限公司

书　　号	ISBN 978-7-5534-1609-0
定　　价	25.80元

目 录

Contents

水生植物

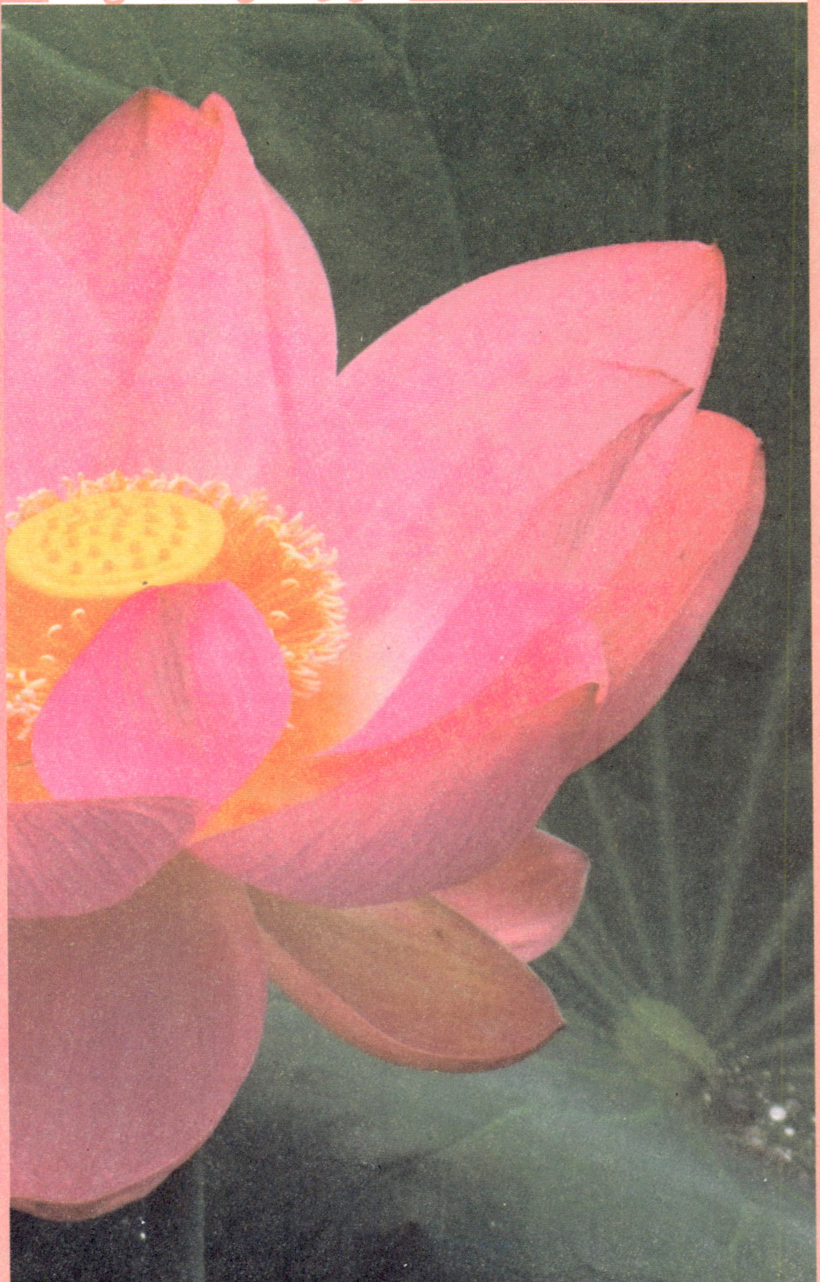

SHUISHENGZHIWU

植物界基本类群的划分

水生植物——荷花

　　在地球上，自从生命产生至今，经历了近35亿年的漫长发展与进化历程，形成了约200万种的现存生物，其中属于植物界的生物有30多万种。

　　在距今35亿年的太古地层中，就发现了菌类和藻类的化石。在距今4亿多年前的志留纪，具有真正维管束的植物出现，植物摆脱了水域的束缚，将生态领域扩展到陆地，为大地披上了绿装，也促进了原始大气中氧气的循环和积累。

　　植物界包括藻类植物、苔藓植物、蕨类植物、裸子植物和被子植物等。绿色植物借光合作用以水、二氧化碳和无机盐等无机物，制造有机物，并释放出氧。非绿色植物分解现成的有机物，释放二氧化碳和水。有些植物属于寄生类型，依靠寄主生存。植物的活动及其产物同人类的关系极其密切，是人类生存必不可少的一部分。

光合作用

　　地球上一切生物的生命活动不仅需要有机物质，而且消耗大量能量，而这些物质与能量绝大多数是由绿色植物通过光合作用提供的。光合作用是绿色植物利用太阳光能，将二氧化碳和水合成有机物质，并释放氧气的过程。

寄生植物

　　寄生植物以活的有机体为寄主，从寄主取得其所需的全部或大部分养分和水分。寄主被寄生植物寄生后，常常出现矮小、黄化、落叶、落果、不开花、不结实等现象，最终死亡。寄生植物主要有槲寄生、桑寄生、菟丝子、列当、肉苁蓉等。

绿色植物的环保作用

　　绿色植物能够净化污水，消除和减弱生活环境中的噪声，防风固沙，保持水土，涵养水源，吸收有毒物质，杀灭细菌，检测居住环境中的甲醛、二氧化硫、氯、氟、氨等气体污染。

菟丝子

走进大自然

ZOU JIN DA ZI RAN

被子植物的定义

被子植物

　　被子植物是现代植物界中最高级、最繁盛和分布最广的一个类群，其种类繁多，大约有30万种。多数被子植物的胚珠被心皮包被、种子被果实包被，因此得名。它的胚珠生于子房内，胚乳在受精后才开始形成，具真正的花，花主要由雌蕊和雄蕊组成，有花萼和花冠。其花粉粒一般停留在柱头上，不能直接和胚珠接触。

　　被子植物的特征：具有真正的花，花由花萼、花冠、雌蕊群和雄蕊群等四个部分组成；雌蕊由心皮组成，胚珠包在子房内，从而得到子房的保护；具双受精现象；孢子体高度发达，占绝对优势，木质部中有导管和纤维，韧皮部中有筛管与伴胞；两性的雌配子体和雄配子体分别简化为花粉（粒）与胚囊，这是被子植物对陆地环境适应和进化的一种表现。被子植物分为双子叶植物纲和单子叶植物纲。

被子植物在白垩纪晚期开始爆发式地繁盛，并迅速统治了植物界。出现于古近纪时的草本植物，生活周期变短、结构趋向极度简化，这使得被子植物迅速取代了裸子植物。经过第四纪冰期后，被子植物的优越性进一步显现出来，它能够适应大陆上各种各样的环境，并在各种条件下发展出很多新的类型。哺乳类和昆虫类伴随着被子植物协同演化。

裸子植物

裸子植物的胚珠外面没有子房壁包被，未来也不会形成果皮，种子从胚珠开始，一直裸露在外，因此得名。这类植物是最原始的种子植物，最早出现于古生代时期。苏铁、银杏、红豆杉等植物是典型的裸子植物。

双子叶植物

双子叶植物属于被子植物，种子具有2枚子叶，分为离瓣花类和合瓣花类两类，既包括草本，也包括木本。我们日常所能见到的大多数植物都是双子叶植物，包括向日葵、苹果、大豆、花生等。

单子叶植物

单子叶植物属于被子植物，种子具有1枚子叶，大多数植物为草本，少数植物为木本。龙血树、竹、姜、棕榈、芭蕉、百合、睡莲等植物均为单子叶植物。

被子植物的演化

茱萸花序

  被子植物在晚白垩纪开始爆发式繁盛，并迅速统治植物界。古近纪时期，草本植物出现，被子植物迅速取代了裸子植物，开始在植物界中占绝对优势。第四纪冰期之后，被子植物广泛地适应了大陆上的各种环境，发展出更多的类型。现代，被子植物在植物界中占绝对的统治地位。被子植物是植物界进化程度最高的类群，它与其他植物类群之间存在着一定的亲缘关系。

  关于被子植物的起源，学术界主要分为两大学派：一派称为"恩格勒学派"，他们认为，被子植物的花和裸子植物的球穗花完全一致，每1枚雄蕊和心皮分别相当于1朵个极端退化的雄花和雌花，因而设想被子植物来自于裸子植物的麻黄类中的弯柄麻黄。但越来越多的人认为，柔荑花序植物的这些特点并不是原始的，而是进化的。另一派称为"毛茛学派"，他们认为，被子植物的花是1个简单的孢子叶球，它是由裸子植物中早已绝灭的本内铁树目，特别是拟铁树，其两性孢子叶的球穗花进化而来的，也就是说具有两性花的多心皮植物是现代被子植物的原始类群。

泽 泻 科

泽泻科的植物多为沼生或湿生草本，包括泽泻、慈姑。植株具有地下球茎；叶基生，具有出水叶和沉水叶两种类型；花辐射对称，花被6枚，分为2轮排列，外轮萼片状，内轮花瓣状；果实为聚合瘦果。

百 合 科

百合科的植物多为草本，包括百合、贝母、芦荟等。地下茎为根状茎、球茎、块根和鳞茎，可食用；有时具叶卷须或托叶卷须；单花，或由小花组成总状、穗状或圆锥花序；果实为蒴果或浆果。

草本植物

草本植物的茎为草质或肉质，木质部不发达，木质化细胞较少；植株一般比较矮小，茎多汁，较柔软；在生长季结束时，多数草本植物的整体或地上部分死亡，但也有地下茎发达的二年生或多年生草本植物。

泽泻

水生植物的定义

荷花

　　水生植物是指其生命里全部或大部分的时间都是生活在水中，并且能够顺利地繁殖下一代地植物。水生植物生活在水中，周围都是水，表皮极薄，可以直接从水中吸收水分和养分。根不发达，有些水生植物的根，吸收水分和养分并不是其主要功能，主要起到固定的作用。叶子柔软而透明，有的为丝状，可以大大增加与水的接触面积，使叶子能最大限度地得到水里很少能得到的光照和吸收水里溶解得很少的二氧化碳，保证光合作用的进行。水生植物具有很发达的通气组织，孔眼与孔眼相连，彼此贯穿形成一个输送气体的通道网，即使长在不含氧气或氧气缺乏的污泥中，仍可以生存下来。通气组织还可以增加植物的浮力，维持植株体平衡。水中还生活着大量的藻类和各种水草，它们是牲畜的饲料、鱼类的食料或鱼类繁殖的场所。

藻类植物

藻类植物是简单、低等的植物，含有叶绿素，能进行光合作用，个体大小悬殊，最小的藻类植物用肉眼是看不到的，最大的藻类植物长达60多米，分为浮游藻类、漂浮藻类和底栖藻类。

水　　草

水草是指生长在水中的草本植物，全部或部分生长周期在水中或水表面。常见的水草包括龙须草、皇冠草、水车前草、水榕、苦草等。

通气组织

通气组织是指具有大量细胞间隙的薄壁组织，细胞间隙互相贯通，形成通气系统，大量存在于水生植物和湿生植物的根和茎内，是氧气进入植物体内的通道，分为裂生性和溶生性两类。

藻类植物——杉叶藻

荷　花

荷花

　　荷花，又名莲花，古称芙蓉、菡萏、芙蕖，属于莲科莲属，依用途不同可分为藕莲、子莲和花莲三大系统，荷花原产于亚洲热带地区和大洋洲。荷花是中国十大名花之一，也是印度的国花。莲藕是很好的蔬菜和蜜饯果品，莲子、根茎、藕节、荷叶、花及种子的胚芽等都可入药。

　　荷花叶大，直径可达70厘米，全缘，呈盾状圆形，具14～21条辐射状叶脉，叶面呈深绿色，粗糙，满布短小钝刺，刺间有一层蜡质白粉，故能使雨水凝成滚动的水珠；叶背呈淡绿色，光洁无毛，脉隆起，中央有圆柱状叶柄挺举荷叶出水；叶柄上倒生较密刚刺，叶柄与地下茎相连处呈白色，水中和水上部分呈绿色。藕是荷花横生于淤泥中的肥大地下茎，横断面有许多大小不一的孔道，这是荷花为适应水中生活形成的气腔。茎上有许多细小的运输水分的导管，导管壁上附有增厚的黏液状的木质纤维素。花原基着生于藕带处芽内、幼叶基部的背面；花单生、两性，有单瓣、复瓣、重台、千瓣之分，有深红、粉红、白、淡绿及间色等色；萼片4～5枚，呈绿色，花开后脱落，长桃形、桃形或圆桃形。花期6～9月，单朵花期只3～4天，多晨开午闭，千瓣类能开10天以上。

莲　　蓬

　　花谢后膨大的花托称为"莲蓬"，上有3～30个莲室，发育正常时，每枚心皮形成一个椭圆形小坚果，有时心皮"泡化"或瓣化，不能形成果实。

千年莲子

　　果实俗称莲子，幼果皮呈青绿色，老熟时变成深蓝色。果皮表面有气孔和保卫细胞，表皮下有坚固而致密的栅栏组织，气孔下有一条气孔道，成熟莲子果皮的气孔道缩得很小，不让空气和水分自由出入，甚至能阻止微生物进入。这种特殊的组织结构，保证了莲子的长寿。

莲　　藕

　　莲藕具有一定的弹性，当折断拉长时，出现许多白色相连的藕丝。老藕的丝尤多于微藕。种藕的顶芽称为"藕苫"，被鳞片包着，萌发后抽出白嫩细长的地下茎，称为"藕带"。

荷花的花蕾

茅膏菜

圆叶茅膏菜

　　茅膏菜，俗称捕虫草，属于茅膏菜科茅膏菜属，为多年生水生草本植物，喜欢生长在水边湿地或湿草甸中。茅膏菜有明显的茎，植株全草可入药，可以用于治疗胃痛、赤白痢、小儿疳积、跌打损伤等症。

　　茅膏菜高6～25厘米，根球形；茎直立，纤细，单一或上部分枝。根生叶较小，圆形，开花时枯萎；茎生叶互生，有细柄，长约1厘米；叶片弯月形，横径约5毫米，基部呈凹状，边缘和叶面有多数细毛，分泌黏液，有时呈露珠状，能捕小虫。花序为总状花序，着生枝梢；花细小；萼片5枚，基部连合，卵形，有不整齐的缘齿，边缘有腺毛；花瓣5枚，呈白色，狭长倒卵形，较萼片长，具有色纵纹；雄蕊5枚，花丝细长；雌蕊单一，子房上位，1室，花柱指状4裂。蒴果室背开裂。种子细小，椭圆形，有纵条。花期5～6月。

吃虫的草

茅膏菜属植物有多种颜色，其叶面密被分泌黏液的腺毛，当昆虫停落在叶面时，即被黏液粘住。这类植物本身有叶绿素，可以进行光合作用，但根系极不发达，靠捕食昆虫弥补其氮素养分的不足。

猪 笼 草

猪笼草，又名猪仔笼、雷公壶，为多年生藤本，属于猪笼草科猪笼草属。叶上具有卷须，卷须尾部扩大并发卷呈瓶状，这是一个捕虫器，内部能够分泌消化酶，能够将掉落其中的昆虫分解。

捕 蝇 草

捕蝇草，为多年生草本，属于茅膏菜科捕蝇草属。叶边缘具有规则状的刺毛，当昆虫碰触到叶时，叶能够迅速关闭，将昆虫困于其中，并分泌消化酶将其分解。

猪笼草

水生植物的分类

菖蒲

　　水生植物一般可以分为沼生植物、沉水植物、漂浮植物。依据植物旺盛生长所需要的水的深度，水生植物可以进一步分为深水植物、浮水植物、水缘植物、沼生植物、喜湿植物。根据水生植物的生活方式，一般将其分为以下几大类：挺水植物、浮叶植物、沉水植物和漂浮植物。

　　挺水植物的植株高大，具有茎和叶，植株上部挺出水面，茎下部或基部沉入水中，根扎入泥中，包括荷花、菖蒲、千屈菜、水葱、梭鱼草、香蒲、泽泻、芦苇等。浮叶植物没有明显的地上茎或茎细弱，花和叶漂浮于水面之上，根状茎发达，根纤细，包括睡莲、荇菜、芡实、凤眼莲、萍蓬草等。漂浮植物的花和叶漂浮于水面之上，根不扎入泥中，能够随水漂流，植株生长迅速，繁殖速度较快，包括水葫芦等。沉水植物具有发达的通气组织，根茎扎入泥中，整个植株沉入水中，叶狭长，包括金鱼藻、菹草、轮叶黑藻等。

红　树

红树为乔木或灌木，属于红树科红树属。植株高2～4米，具有支柱根；花序为聚伞花序，具有2朵小花，花瓣线形；叶对生；果实卵状，褐色或橄榄绿色。这类植物长期受海水浸淹，常呈现红色。

落　新　妇

落新妇是喜湿植物，适生于水边，又名红升麻、金猫儿，为多年生草本，属于虎耳草科落新妇属。植株高50厘米左右，具根状茎，花轴直立，花序圆锥状，花瓣呈淡紫色至紫红色，花丝呈青紫色，花药呈青色。

玉　簪

玉簪，又名玉春棒，为宿根草本，属于百合科玉簪属。植株高30～50厘米，叶基生、丛生，花序总状顶生，花管状漏斗形，具有香味。同属的植物包括紫花玉簪、狭叶玉簪、波叶玉簪。

朝鲜落新妇

15

水　鳖

水生草本——黄金莲

　　水鳖，属于水鳖科水鳖属，多年生浮叶草本植物，常生于静水池沼中，可作饲料或沤绿肥，幼叶柄可以作为蔬菜食用。

　　水鳖须根长可达30厘米。葡萄茎发达，节间长3～15厘米，直径约4毫米，顶端生芽，并可产生越冬。叶簇生，多漂浮，有时伸出水面，心形或圆形，长4.5～5厘米，宽5～5.5厘米，先端圆，基部心形，全缘，远轴面有蜂窝状贮气组织，并具气孔；叶脉5条，稀7条，中脉明显，与第一对侧生主脉所成夹角呈锐角。雄花序腋生；花序梗长0.5～3.5厘米；佛焰苞2枚，膜质，透明，具红紫色条纹，苞内雄花5～6朵，每次仅1朵开放；花梗长5～6.5厘米；萼片3枚，离生，长椭圆形，长约6毫米，宽约3毫米，常具红色斑点，尤以先端为多，顶端急尖；花瓣3枚，呈黄色，与萼片互生，广倒卵形或圆形，长约1.3厘米，宽约1.7厘米，先端微凹，基部渐狭，近轴面有乳头状凸起。花果期8～10月。

须　　根

　　须根是指植物茎基部发出的须状不定根，细长，数量较多。不定根是指发生部位不固定的根。由多数须根组成的根系称为"须根系"，小麦、水稻等植物的根系为须根系。

绿萍

匍　匐　茎

　　匍匐茎一般细长，柔弱，蔓延生长，平卧于地面，节间较长，节上能产生不定根，进而长出新的植株。草莓、番薯、蛇莓等植物的茎都是匍匐茎。

绿　　肥

　　绿肥是指用绿色植物的植株沤制的有机肥料，营养成分完全，按来源分为栽培绿肥和野生绿肥两类，按生长环境分为水生绿肥和旱地绿肥两类，包括豆科植物、水浮萍、绿萍等。

挺水植物的特征

挺水植物——荷花

　　挺水植物的植株高大，花色艳丽，绝大多数有茎、叶之分，直立挺拔，下部或基部沉于水中，根或地茎扎入泥中生长，上部植株挺出水面；根生长于泥中，部分茎长于水中，部分茎、叶挺出水面，具有陆生和水生两种特性，陆生较强。在空气中的部分具有陆生植物特征，叶子表面具厚的角质层，能保护水分；在水中的部分具有水生特性，具发达的通气组织，根相对退化，主要分布在水深1.5米左右的浅水区或潮湿的岸边。常见的挺水植物有荸荠、茭白、慈姑、莲、荷花、千屈菜、菖蒲、黄菖蒲、水葱、再力花、梭鱼草、花叶芦竹、香蒲、泽泻、旱伞草、芦苇等。根据挺水植物在水中分布深度的不同可分为深挺水植物和浅挺水植物。浅水植物主要分布在水边湿地至水深1.5米的水域，深水植物可适应3米以上的深度。不同的挺水植物适合生长在不同的水深和水位，如泽泻、鸢尾适宜在水体边缘的浅水区生长，而再力花、荷花等在3米以上的深水区生长良好。根据水体的不同应选择不同的挺水植物，菖蒲、芦荟能适应流水环境，可植于景观水体的进水口处等流动水域；慈姑、雨久花适宜静水或缓流环境，应植于景观水体的静水区。

再 力 花

再力花，又名水竹芋，为多年生挺水草本，属于竹芋科再力花属，全株被白粉；叶卵状，大型，呈浅灰蓝色，边缘呈紫色；花葶高达2米，花序为复总状花序，花呈紫堇色，具有极高的观赏价值。

梭 鱼 草

梭鱼草，为多年生挺水或湿生草本，属于雨久花科梭鱼草属。叶较大，呈深绿色，叶柄呈绿色；穗状花序顶生，由200朵小花密集而成，呈蓝紫色带黄色斑点；幼果呈绿色，成熟后变成褐色。

旱伞草

旱 伞 草

旱伞草，又名水竹、伞草、风车草，为莎草科莎草属。野生植株主干高1～2米，栽培植株高达5～6米；茎上无毛，皮呈深绿色；小穗丛生于小枝顶端，由3～4朵花组成。

香　蒲

宽叶香蒲

　　香蒲，又名蒲草、水蜡烛、水烛，属于香蒲科香蒲属，为多年生水生草本植物，是广泛生长在中国的一种野生蔬菜，其假茎白嫩部分（即蒲菜）和地下匍匐茎尖端的幼嫩部分（即草芽）可以食用，味道清爽可口；老熟的匍匐茎和短缩茎可以煮食或作饲料。蒲草是重要的造纸和人造棉的原料，还可以用来编织蒲席、坐垫等生活用品。雄花花粉（蒲黄）或根茎（水蜡烛根）可入药，夏季采收，蒲黄具有消肿排脓的功效；水蜡烛根具有消肿行血的功效，能够治疗牙痛。

　　香蒲地下生匍匐茎，匍匐茎在土中延伸，长30～60厘米，多须根；茎出水面直立，高可达2.5米。叶二列式互生，狭长线形，长0.8～1.3米，宽4～10毫米，全缘，呈浓绿色，断面呈新月形，质轻而软，叶肉组织为中空的长方形孔格；叶片下部的叶鞘长达50～60厘米，层层相互抱合成假茎。雌雄同株，花呈黄绿色，单性；穗状花序，似蜡烛状，高达2.5米，苞叶2～8

片，早落，花穗细长，圆柱状；雌花穗呈黄色，位于下部，中间相隔2～15厘米，全长达50厘米；上部雄花穗长20厘米，花被鳞状或毛状；雄花具3枚雄蕊，雌花子房上位，1室。果实为小坚果，果穗似蜡烛状，呈赭褐色。

宽叶香蒲的果穗

叶　肉

叶肉是指位于叶上表皮和下表皮之间的绿色组织，是叶内最发达的组织，由薄壁细胞构成，含有大量的叶绿体，是植物进行光合作用的主要部位。

花　粉

大多数花粉成熟时分散，称为"单粒花粉"。两粒以上黏合在一起，称为"复合花粉粒"。花粉多为球形，表面光滑或具纹饰，具有花粉壁，花粉壁分为外壁和内壁两层。

匍　匐　茎

匍匐茎是指植物沿地面生长的茎，细长柔弱，节间较长，节上可着生叶、芽和不定根，芽能生成新的植株，利用这一特性，植物可进行营养繁殖。具有匍匐茎的植物包括草莓、甘薯、马铃薯等。

沼生植物的特征

　　仅植株的根系及近于基部地方浸没水中的植物，称为"沼生植物"，一般为多年生植物，例如水稻、香蒲、菰（茭白）等。沼生植物一般生长于沼泽浅水中或地下水位较高的地表，具有通气组织（芦苇、苔类、千屈菜）和呼吸根（水龙、落羽杉属），能在缺乏氧气的沼泽中生长。沼泽是指地表过湿或有薄层常年或季节性积水，土壤水分几达饱和，生长有喜湿性和喜水性沼生植物的地段。由于沼泽地土壤水多、缺氧，因此沼生植物有发达的通气组织，有不定根和特殊的繁殖能力。沼泽绿化可用的水生植物很多，如萱草、泽泻、慈姑、海芋、花菖蒲、千屈菜、梭鱼草、小婆婆纳等。沼泽植被以挺水植物为主，多属于莎草科、禾本科、藓类和少数木本植物。美丽的沼生植物是水生动物栖息和繁衍的良好场所，能够创造出花草熠熠、富有情趣的沼泽景观。沼泽植物生长在地表过湿和土壤厌氧的生境条件下，其基本生活型以地面芽植物和地上芽植物为主。森林沼泽中有高位芽和地上芽的乔木和

宽叶香蒲

灌木。贫养沼泽中乔木发育不良，孤立散生，矮曲、枯梢，生长慢，形成小老树。在中养和贫养沼泽中，地面苔藓植物种类多，盖度大，常形成致密的地被层和藓丘。

芦　苇

　　芦苇，为多年生水生或湿生草本，属于禾本科芦苇属。茎秆直立，根状茎发达，匍匐生长；多数芦苇开花，少数芦苇长蒲棒，蒲棒呈黄褐色，点燃后可驱蚊。根、茎、叶、花、嫩株均可入药。

紫　菀

　　紫菀，又名青宛、紫倩、山白菜，为多年生草本，属于菊科紫菀属，常生于潮湿的水边。茎直立；基生叶丛生，茎生叶互生；花序为头状花序，

宽叶香蒲的果穗

舌状花呈蓝紫色，筒状花呈黄色。植株可入药，具有止咳祛寒的功效。

五 彩 芋

　　五彩芋，又名花叶芋，为多年生草本，属于天南星科彩叶芋属。地下块茎球状；叶根生，叶面呈绿色，具白色、粉色或深红色条纹，佛焰苞基部呈绿色，上部呈绿白色。本科的植物多有毒。

泽　泻

　　泽泻，又名水泻、芒芋、泽芝、及泻，属于泽泻科泽泻属，为多年生沼生草本。野生泽泻一般生长在沼泽地，分布于中国、日本和印度等地。泽泻的根茎是传统的中药材，具有利水渗湿的功效。但泽泻服用不当，能让肝脏、肾脏出现肿胀以及其他中毒症状。

泽泻

　　泽泻植株高50～100厘米。地下块茎球形，直径可达4.5厘米，外皮呈褐色，密生多数须根。叶根生，叶片宽椭圆形至卵形，长5～18厘米，宽2～10厘米，先端急尖或短尖，基部广楔形、圆形或稍心形，全缘，两面光滑；叶柄长达50厘米，基部扩延成中鞘状，宽5～20毫米；叶脉5～7条。花茎由叶丛中抽出，长10～100厘米；花序通常有3～5轮分枝，分枝下有披针形或线形苞片，轮生的分枝常再分枝，组成圆锥状复伞形花序，小花梗长短不等；小苞片披针形至线形，尖锐；萼片3枚，广卵形，呈绿色或稍带紫色，长2～3毫米，宿存；花瓣倒卵形，膜质，较萼片小，呈白色，脱落；雄蕊6枚；雌蕊多数，离生；子房倒卵形，侧扁，花柱侧生。瘦果多数，扁平，倒卵形，长1.5～2毫米，宽约1毫米，背部有两浅沟，呈褐色，花柱宿存。花期6～8月，果期7～9月。

富氧沼泽

富氧沼泽，又称为"低位沼泽"，是沼泽发育的最初阶段，表面低洼，水源补给靠地下水，地表径流和地下水常汇集于此处，矿物质营养丰富。生长于其中的植物包括芦苇、木贼、苔草、桤木、柳、桦、水松等。

贫养沼泽

贫养沼泽，又称为"高位沼泽"，是沼泽发育的最后阶段，泥炭层较厚，沼泽中部隆起，水源补给靠大气降水，矿物质营养贫乏。生长于其中的植物包括苔藓、杜香、越橘、莎草等。

中养沼泽

中养沼泽，又称为"中位沼泽"，是介于富氧沼泽和贫养沼泽之间的过渡类型，水源补给靠雨水和地表径流混合补给，营养状态介于富氧沼泽和贫养沼泽之间，沼泽植物的类型较多。

浮水植物的特征

萍蓬草

　　浮水植物的根状茎发达，花大，色艳，无明显的地上茎或茎细弱不能直立，叶片漂浮于水面上，常见种类有王莲、睡莲、萍蓬草、芡实、水鳖、荇菜等。

　　浮水植物能通过纤细的根吸收水中溶解的养分，如细叶满江红、凤眼莲等。深水植物的根在池塘底部，花和叶漂浮在水面上，如萍蓬草属、睡莲属、王莲属的植物，它们除了本身极具观赏价值外，还为池塘生物提供庇荫，并限制水藻的生长。

　　浮水植物可以分为水上叶和水下叶两种。水上叶植物具长柄浮于水面，贴着水面的部分称为"背面"，正对着太阳的部分称为"腹面"，背面常长有气囊，叶的腹面具有气孔。水下叶植物的细裂呈丝状或薄膜状，茎常弯曲于水中，长达1～2米，主要分布在水深1～3米的区域内，常见种类有菱、莼菜、睡莲、芡实等。

菱

　　菱，为一年生浮叶水生草本，属于菱科菱属。主根较弱，埋入水底泥中；茎蔓细长，生有分枝和须根；叶漂浮于水面上；花单生，呈白色；果实为坚果，嫩果呈绿色、红色或紫色，成熟后变成黑紫色。

水　藻

　　水藻是指生长在水中的藻类植物，是一种结构简单的植物类型，一般为隐花植物。叶细小，含有叶绿素。当水体呈现富氧化时，水藻会迅速大量繁殖，出现水华或赤潮，是一种环境污染。

气　囊

　　水生植物的根、茎、叶具有气囊，是水生植物特殊的器官，是贮存植物生活所需空气的部位，还能使植物获得在水中生活时所需的浮力，由多个气室集合在一起而形成。

菱

睡　莲

睡莲

　　睡莲，又名子午莲、水芹花，属于睡莲科睡莲属，为多年生水生花卉。全世界睡莲属植物有40～50种，中国有5种。按其生态学特征，睡莲可分为耐寒、不耐寒两大类，前者分布于亚热带和温带地区，后者分布于热带地区。睡莲根状茎可食用或酿酒，又可入药，治小儿慢惊风。由于睡莲根能吸收水中的汞、铅、苯酚等有毒物质，还能过滤水中的微生物，是难得的水体净化植物材料，所以在城市水体净化、绿化、美化建设中备受重视。

　　睡莲根状茎粗短。叶丛生，具细长叶柄，浮于水面，低质或近革质，近圆形或卵状椭圆形，直径6～11厘米，全缘，无毛，上面呈浓绿色，幼叶有褐色斑纹，下面呈暗紫色。花单生于细长的花柄顶端，多呈白色，漂浮于水，直径3～6厘米，在晚上花朵会闭合，到早上又会张开；萼片4枚，宽披针形或窄卵形。聚合果球形，内含多数椭圆形黑色小坚果。长江流域花期在5月中旬至9月，果期7～10月。

青 阳 渡

晋·乐府
青荷盖绿水，芙蓉披红鲜。下有并根藕，上有并头莲。

莫奈与睡莲

著名的印象派画家莫奈非常喜欢睡莲，在他的花园中种植着众多的睡莲。莫奈一生画了大量关于睡莲的画作，尤其是在他晚年的时候，他仍画了大量的睡莲画作，色彩鲜艳，画面抽象，极具感染力。

根 状 茎

根状茎是植物地下变态茎的一种，常见于多年生植物，外形非常像根，横卧于地下，有明显的节和节间，每节都生有不定根，可以进行营养繁殖。荷花的根状茎称为"莲藕"，竹的根状茎称为"竹鞭"。

根状茎

漂浮植物的特征

浮萍

　　这类植物主要分布在静止小水体或流动性不大的水体中，常见的种类有紫背浮萍、凤眼莲。漂浮植物的种类较少，这类植株的根不生于泥中，植物体漂浮于水面或水中，根不着地，根系退化或具须状根，随水流、风浪四处漂泊，起平衡和吸收营养的作用，多数以观叶为主，叶背面常有气囊或叶柄中部具葫芦状气囊，为池水提供装饰和绿荫。它们既能吸收水里的矿物质，又能自由浮于水面生长，通过竞争营养，荫蔽水面，从而降低水温，减少光照投射量而抑制藻类生长。想将这类植物从大池塘当中除去非常困难，因此不要将这类植物引入面积较大的池塘。大部分浮水植物属于热带、亚热带型，在冬季寒潮到来之前，需移出池塘越冬保护。凤眼莲的花似兰花，发达的根系极具侵占性，能够利于水池多余养料，以及清除池塘污物，常被用作水池天然净化器。但近几年来，南方河道因富养分而导致其大面积爆发，渐成侵害性物种。满江红、浮萍等需要定期用网捞出一些。

水　体

水体，又称为"水域"，是指地球上水的集合体，是以相对稳定的陆地为边界的天然水域，是地表水圈的重要组成部分，包括江、河、湖泊、海洋、水库、池塘等。

寒　潮

寒潮，又称为"寒流"，是常发生于冬季的一种灾害性天气，是指中国北方的冷空气大规模向南侵袭，造成大范围急剧降温的天气类型，一般一天内降温达到10℃以上，最低气温在5℃以下。

满　江　红

满江红，又名紫藻、红浮萍，为一年生浮水草本，属于满江红科满江红属，生长于水田和池塘中。植株较小，幼株呈绿色，进入秋冬季节后，株体呈现红色，常成片生长，因此得名。

满江红

萍 蓬 草

萍蓬草

　　萍蓬草，又名黄金莲、萍蓬莲，属于睡莲科萍蓬草属，为一年生水生草本植物。该属约有25种，中国有4～5种。萍蓬草初夏时开放，朵朵金黄色的花朵挺出水面，如金色阳光铺洒于水面上，映衬着波光和蝶影，非常美丽，是夏季水景园中极为重要的观赏植物。萍蓬草为观花、观叶植物，多用于池塘水景布置，与睡莲、莲花、荇菜、香蒲、黄花鸢尾等植物配植，形成绚丽多彩的景观，又可盆栽于庭院、建筑物、假山石前，或在居室前向阳处摆放。根具有净化水体的功能。种子可食用。根状茎入药，具有健脾胃、补虚止血的功效，可以用于治疗神经衰弱。

　　萍蓬草的根状茎肥厚块状，横卧。叶二型，浮水叶纸质或近革质，圆形至卵形，长8～17厘米，全缘，基部开裂呈深心形；叶面呈绿色且光亮，叶背隆凸，有柔毛；侧脉细，具数次2叉分枝，叶柄圆柱形；沉水叶薄而柔软。花单生，圆柱状花柄挺出水面；花蕾球形，呈绿色；萼片5枚，倒卵形、楔形，呈黄色，花瓣状；花瓣10～20枚，狭楔形，似不育雄蕊，脱落；雄蕊多数，生于花瓣以内子房基部花托上，脱落；心皮12～15枚，合生成上位子房，心皮界线明显，各在先端成1柱头，使雌蕊的柱头呈放射形盘状；子房室与心皮同数，胚多数，生于隔膜上。浆果卵形，长3厘米，具宿存萼片，不规则开裂。种子矩圆形，呈黄褐色，光亮。花期5～7月，果期7～9月。

黄花鸢尾

　　黄花鸢尾，又名黄菖蒲，为多年生挺水草本，属于鸢尾科鸢尾属。根茎粗壮，须根呈黄白色；叶基生，花茎中空，茎生叶1～3枚；花大而艳丽，呈黄色，具内花被和外花被；子房呈绿色；果实为蒴果。

浆　　果

　　浆果是肉质果的一种，柔软多汁，由一或几枚心皮形成，含一至多粒种子，果皮分为外果皮、中果皮和内果皮三层。

花　　托

　　花托一般略膨大，位于花柄或小花梗的顶端，形状多样，主要有圆柱状、覆碗状、碗状、圆锥形，有一些植物的花托能够延伸成雌蕊柄、雄蕊柄、雌雄蕊柄、花冠柄等。

浆果　　33

沉水植物的特征

苦草

　　沉水植物的根茎生于泥中，茎、叶全部沉没水中，仅在开花时花露出水面，植物体茎叶的构造具典型的水生特性，通气组织发达，整个植物体都能吸收养料和水分，主要分布在水深1~2米处，分布的深度受透明度的制约，典型的沉水植物为马来眼子菜、苦草等。这类植物具发达的通气组织，利于进行气体交换。叶多为狭长或丝状，能吸收水中部分养分，在水下弱光的条件下也能正常生长发育。沉水植物对水质有一定的要求，因为水质浑浊会影响其光合作用。花小，花期短，以观叶为主，如软骨草属或狐尾藻属、轮叶黑藻、金鱼藻、马来眼子菜、苦草、蓖草等。

　　植株生长于水面以下，在水中能释放氧气，又称为"生氧植物"。沉水植物在水中担当着"造氧机"的角色，为池塘中的其他生物提供生长所必需的溶解氧。同时，它们还能够除去水中过剩的养分，通过控制水藻生长来保持水体的清澈。水藻过多会导致水质混浊、发绿、并遮挡水生植物和池塘生物健壮生长所必需的光线。部分沉水植物属自由漂浮型，如金鱼藻，其他耐寒的植株需先栽植在容器中，如依乐藻属。

软 骨 草

软骨草，为多年生沉水草本，属于水鳖科软骨草属。茎纤细；叶互生，线形；花单性，雌雄异株，雄花生于佛焰苞内，花瓣短，萼片花瓣状；子房长椭圆形；果实卵形至线形。软骨草是装饰水族箱的优良植物。

金 鱼 藻

金鱼藻，又名细草、软草、松藻，为多年生浮水草本，属于金鱼藻科金鱼藻属，常生于静水体中。植物不具有根；叶轮生；茎细长、平滑；花苞呈浅绿色，透明；果实为坚果，呈黑色。

伊 乐 藻

伊乐藻，又名蕴草，为沉水草本，属于水鳖科伊乐藻属。小花呈白色，沿雌蕊排列，或呈管状漂浮于水面；果实椭圆形。植物含多种营养物质，是优良的饲用藻类。

狐尾藻

缘水植物的特征

千屈菜

　　缘水植物生长在水池边，从水深23厘米处到水池边的泥里都可以生长。水缘植物的品种非常多，主要起观赏作用。种植在小型野生生物水池边的水缘植物，可以为水鸟和其他光顾水池的动物提供藏身的地方。在自然条件下生长的水缘植物，可能会成片蔓延，移植到小型水池边以后，要经常修剪，用培植盆控制根部的蔓延。一些预制模的水池带有浅水区，是专门为水缘植物预备的。当然，植物也可以种植在平底的培植盆里，直接放在浅水区。植株主要生长于浅水或池塘周围潮湿的土壤里，在水、陆之间起过渡和柔化作用。由于具有异域色彩而备受青睐，常用来构建背景，如水生鸢尾、千屈菜等。

水生鸢尾

水生鸢尾，为多年生常绿草本，属于鸢尾科鸢尾属，是一个杂交品种。根状茎肉质，横生；叶基生；花葶高60～100厘米，花呈紫红色、红色、粉红色、深蓝色或白色。

沼泽勿忘我

沼泽勿忘我，为多年生草本，属于紫草科勿忘草属，常生于湿地至水深15厘米的水边。植株与勿忘我很相似，高15～20厘米，叶呈绿色，花呈蓝色，极具观赏价值。

茎

茎是植物的营养器官之一，是大多数植物可见的主干。茎下接根，通过木质部将根部吸收到的水分和矿物质往上运输到各营养器官，通过韧皮部将光合作用的产物往下运输。

千 屈 菜

千屈菜

　　千屈菜，又名水枝柳、水柳、对叶莲，属于千屈菜科千屈菜属，为多年生挺水草本植物，自然种生长于沼泽地、沟渠边或滩涂上。千屈菜姿态娟秀整齐，花色鲜丽醒目，可成片布置于湖岸河旁的浅水处。全株可入药，可治痢疾、肠炎等症；另具外伤止血功效。

　　千屈菜植株高40～100厘米。叶对生或3片轮生，披针形或宽披针形，全缘，无柄；地下茎根状，粗壮，木质化，横卧于地下；地上茎直立，多分枝，4棱。花序长穗状，顶生，花两性，数朵簇生于叶状苞片腋内；花萼筒状，长6～8毫米，外具12条纵棱，裂片三角形，附属体线形，长于花萼裂片，长1.5～2毫米；花瓣6枚，呈紫红色或蓝紫色，长椭圆形，基部楔形；雄蕊12枚，6长6短；子房无柄，2室，花柱圆柱状，柱头头状。蒴果椭圆形，全包于萼内，成熟时2瓣裂。种子多数，细小。花期6～10月。同属的植物还有光千屈菜、大花桃红千屈菜、毛叶千屈菜。千屈菜可用播种、扦插、分株等方法繁殖，但以扦插、分株为主。

光千屈菜

　　光千屈菜，为多年生草本，属于千屈菜科千屈菜属，常生于湿地。茎直立，高50～100厘米；叶对生；花序为聚伞花序，由3～5朵小花组成，花呈紫红色。全草入药，具有收敛、止泻的作用。

帚枝千屈菜

　　帚枝千屈菜，为多年生小灌木，属于千屈菜科千屈菜属，常生于湿地。茎直立，高50～100厘米，多分枝，呈淡绿色；叶对生；花序为歧伞花序，由2～3朵小花组成，花呈紫红色；果实为蒴果。

盐千屈菜

　　盐千屈菜，为一年生草本，属于藜科盐千屈菜属，常生于平原湖边。植株高5～20厘米，呈红色，茎直立；叶呈灰绿色；花序为穗状花序，子房卵形；种子卵圆形，种皮呈黄褐色。

千屈菜

淹不死的水生植物

　　水是植物体的重要组成成分，植物体一般含60％～80％的水分。水是很多物质的溶剂，土壤中所含的矿物质、氧、二氧化碳等都必须先溶于水后，才能被植物吸收和在体内运转。水能使植物器官保持挺立状态，以利于各种代谢的正常进行。水是光合作用制造有机物质的原料，还作为反应物质参加植物体内多种化学反应，如淀粉、蛋白质、脂肪的水解过程。更重要的是水还是原生质的组成成分，没有水，植物的生命就停止了。各种植物由于长期生活在不同的水条件下，形成了不同的生态习性和类型。在根吸收水和叶蒸腾水之间保持适当的平衡是保证植物正常生活所必需的，要维持水分平衡就必须增加根的吸水能力和减少叶片的水分蒸腾。长期生活在水中的一些植物，都有一套适应水生环境的本领。水中的氧气含量很低，常常只有空气中的1/20。有些水生植物具有发达的通气组织系统，如莲、凤眼莲等植物的叶柄和地下茎中有许多气孔。空气中的氧气通过气孔进入叶柄，最后再扩散到下面的地下茎，这样就保证了它们呼吸代谢的需要。在水生植物中，有的种类既有浮生叶，又有沉水叶。浮生叶靠叶柄膨大形成气囊，里面含有大量空气，可以随着水的高度，始终漂浮在水面。沉水叶呈羽状细裂，能够尽量减少水流的阻力。水生植物的根系和疏导组织都不发达，叶子柔软呈细条状，表皮没有角质层和气孔，茎和叶都含有叶绿素，在水底微弱的光线下也能进行光合作用。水生植物的通气和排水组织发达，茎和叶中有许多容纳空气的气腔，气腔与周围通气管道（气道）相连组成完善的通气系统。叶从空气中吸收的氧气，通过通气组织可输导到植物体各部分，以保证和维持体内正常呼吸的需要和便于在水中漂浮。同时，为控制体内水分，水生植物具有发达的排水系统，可将体内过多的水分排出。它们主要通过位于叶尖、叶缘和叶脉等周边部分或叶柄连接部分的许多微细细孔即水孔，以及通过与水孔相连的由输水管胞组成的众多的管道，将体内多余的水分排出体外。

溶　剂

溶剂是指可以溶化固体、液体和气体溶质的液体，一般沸点比较低，属性为惰性，不对溶质产生化学反应。最常见的溶剂就是水，乙醇、汽油、氯仿、丙酮等都是常见的有机溶剂。

水　解

水解是指水与另外一种化合物反应，得到两种或两种以上新化合物的反应过程。在碱性水溶液中，脂肪能分解成甘油和固体脂肪酸盐，也就是我们常用的肥皂，这种反应被称为"皂化反应"，是水解反应的一种。

蒸腾作用

蒸腾作用是指水分从植物体内以气体状态散失到体外的现象，是水分吸收和运转的动力，促进植物体内物质运输，有利于气体交换。蒸腾分为皮孔蒸腾和气孔蒸腾两类。

睡莲

水 芹

水芹

　　水芹，又名水英、细本山芹菜、牛草、楚葵、刀芹、蜀芹等，属于伞形科水芹菜属，为多年水生宿根草本植物。水芹中各种维生素、矿物质含量较高，还含有蛋白质、脂肪、碳水化合物、粗纤维、钙、磷、铁。水芹还含有芦丁、水芹素和 皮素等，能够提取挥发油，水芹挥发油用于局部外搽，有扩张血管、促进循环、提高渗透性的作用；内服能促进胃液分泌，增进食欲，并有祛痰作用。其嫩茎及叶柄质鲜嫩，清香爽口，可生拌或炒食。

　　水芹植株高70～80厘米，根茎于秋季自倒伏的地上茎节部萌芽，形成新株，节间短，似根出叶，并自新根的茎部节上向四周抽生匍匐枝。上部叶片冬季冻枯，基部茎叶依靠水层越冬，第二年再继续萌芽繁殖。叶为二回羽状复叶，细长，互生。茎具棱，上部呈白绿色，下部呈白色。花序为伞形花序，花小，呈白色。不结实或种子空瘪。

芦　丁

芦丁，又名芸香苷、维生素P，是一种广泛存在于植物体内的黄酮类抗氧化物质，不溶于水、氯仿、醚、苯等，微溶于乙醇，具有止咳、平喘、抗菌的作用，能够防止人体动脉硬化。

羽状复叶

羽状复叶是指三枚以上的小叶在叶轴的左右两侧排成羽毛状，按小叶的数目分为单数羽状复叶和双数羽状复叶，按叶轴的分枝情况分为一回羽状复叶、二回羽状复叶、三回羽状复叶和多回羽状复叶。

挥　发　油

挥发油就是我们常说的精油，是指存在于植物体中的挥发性油状成分，具有芳香气味，与水不相溶，但能随水蒸气蒸馏出来，成分复杂。薄荷、丁香、藿香、茴香、橙、生姜等植物均含有挥发油。

水芹

水生植物与二氧化碳

荷花

　　水溶无机碳在淡水呈现四种形式并彼此平衡。这四种形式分别是：二氧化碳、碳酸、碳酸氢根和碳酸根。水溶无机碳总量是确定淡水缓冲能力的最大因素，并且各种状态的互相比例决定水的pH值。二氧化碳易溶于水。空气不流动时，空气中和水中的二氧化碳含量是近于相等的，大约为0.5毫克/升，二氧化碳在水中的扩散速度比在空气中慢1万倍。水生植物的分界层是气体和营养元素进入植物体内必须通过的静止水层。它的厚度大约为0.5毫米，比陆生植物的厚10倍。造成的后果是，沉水植物进行旺盛的光合作用需要大约30毫克/升的自由二氧化碳。

　　二氧化碳在水中的扩散性较弱，较厚的静止水层和饱和光合作用需要的二氧化碳含量较高。水生植物通过几种方式适应了二氧化碳限制。它们有薄的、经常出现分裂的叶子。这增加了接触面并且降低了分界层厚度。它们有大量的空气通道，称

水生植物

44

为"气孔"，这可以使气体在植物体内自由流动，可以让吸入的二氧化碳保留在植物体内并且有些种类甚至可以让二氧化碳从沉淀物中扩散到叶子。最终，许多种类的水生植物可以像使用二氧化碳一样来使用碳酸氢根进行光合作用。这点很重要，因为在PH值6.4～10.4之间的水中，大部分水溶无机碳以碳酸氢根的形式存在。

鱼缸添加二氧化碳的方法

增加鱼缸中二氧化碳的方法主要有两种，一种是增加水族箱中的水流频率，使水中的二氧化碳含量与空气中相等；另一种是将二氧化碳注入水族箱，这种方法非常常见。

玫瑰

陆生植物

陆生植物是指生长在陆地上的植物，包括湿生植物、中生植物和旱生植物三大类。常见的陆生植物包括玉米、兰花、向日葵、松树、玫瑰、番茄、仙人掌等。

pH　值

pH值，又称为"酸碱度"，是溶液中氢离子的总数和总物质的量的比值。在常温下，pH值等于7，溶液为中性；pH值大于7，溶液为碱性，数值越大，碱性越强；pH值小于7，溶液为酸性，数值越小，酸性越强。

水生植物与阳光

荷花

　　光照能加强水生植物的气体对流作用，增强了水生植物体内的水汽蒸发，增加了植物体内的温度，加快了气体对流，使周围大气更加干燥，减少了植物茎表面湿度诱导对流的阻力，光照还可能通过影响气孔的开度增强气体对流作用。

　　沉水植物适应水中的低光环境，基于这种适应性改变被划分为耐阴植物。举例来说，水生植物的叶绿体是包含绿叶素的细胞器，经常位于叶子的顶层细胞内，以吸收尽可能多的光线。另外，水生植物充分的光合作用只需要15％～50％的太阳光照强度。水生植物同时有弱光补偿点（LCP）。弱光补偿点是植物成长停止时光合作用率与呼吸作用率相等的点。这让它们可以在只有1％～4％太阳光照强度的深水中生长。水生植物对日照长度敏感，它们的感光色素是叶绿素，能够吸收红色光和远红外光谱。研究显示，一些水生植物是短日照植物，另一些是长日照植物，并且一些水生植物对日照长度不敏感。当暴露在"错误"的日照长度下，这些植物将在光中继续进行光合作用，但不会完成生命周期和开花。这点对陆生植物同样适用。通常，每天10～12个小时光照可以使生长在热带的植物开花，生长在温带的植物一般都是长日照植物，要使它们开花可能需要每天14～16个小时的光照。

鱼缸补充光照的方法

对于生活在鱼缸中的植物来说，维持正常的生长活动需要高光强度，鱼缸中每加仑水需要用2～4瓦的荧光灯来提供植物所需光照。这个光照水平与多数水生植物的光补偿点接近。

气体对流

气体对流的实质是热对流，它是热传播的三种方式之一。当气体的一部分受热后，体积膨胀，密度减小，逐渐上升，周围温度较低、密度较大的物质补充了出现的空位，循环往复，就形成了气体对流。

光合作用

光合作用是指绿色植物依靠阳光，在光合色素的参与下，将二氧化碳和水转化成有机物，同时释放氧气，贮存能量的过程。光合作用对调节地球上的氧气和二氧化碳的比例具有重要意义。

狐尾藻

石菖蒲

菖蒲

　　石菖蒲，又名昌本、菖蒲、昌阳、木蜡、阳春雪、剑草、剑叶、山菖蒲、溪菖、石蜈蚣、香草，属于天南星科菖蒲属，为多年生水生草本植物。茎、叶和须根可入药，具有开窍、豁痰、理气、活血、散风、祛湿等功效，可以用于治疗癫痫、痰厥、气闭耳聋、心胸烦闷、胃痛、腹痛、风寒湿痹、跌打损伤等症。

　　石菖蒲的根茎横卧，直径5～8毫米，外皮呈黄褐色。叶根生，剑状线形，长30～50厘米，宽2～6毫米，先端渐尖，呈暗绿色，有光泽；叶脉平行，无中脉。花茎高10～30厘米，扁三棱形；佛焰苞叶状，长7～20厘米，宽2～4毫米；肉穗花序自佛焰苞中部旁侧裸露而出，无梗，斜上或稍直立，呈狭圆柱形，柔弱，长5～12厘米，直径2～4毫米；花两性，呈淡黄绿色，密生；花被6枚，倒卵形，先端钝；雄蕊6枚，稍长于花被，花药呈黄色，花丝扁线形；子房长椭圆形。浆果肉质，倒卵形，长宽均约2毫米。花期6～7月，果期8月。植物喜冷凉湿润气候，阴湿环境，耐寒，忌干旱，喜欢生长在山谷溪流的石头上或林中湿地，在沼泽地中十分常见。

肉穗花序

肉穗花序属于无限花序，是指单性无柄小花着生于肉质膨大的花序轴上，花序轴肉质肥大，基本结构与穗状花序相似。玉米、香蒲的雌花序是典型的肉穗花序。

水菖蒲

佛 焰 苞

佛焰苞是天南星科植物特有的一种花序，是指肉穗花序的外面包有一枚形似花冠的总苞片。具有佛焰苞的花序称为"佛焰花序"，整个花序形似插着蜡烛的烛台，因此得名。马蹄莲具有典型的佛焰苞。

花 药

花药是雄蕊产生花药的部分，位于花丝顶端，膨大呈囊状，由表皮层、纤维层、中间层和绒毡层构成。花药在花丝上的着生方式包括全着药、底着药、背着药、丁字着药、广歧药等。

水生植物与矿质元素

荷花

　　基本矿物营养元素通常分为两类。植物的主要营养元素有氮、磷、硫、钙、镁、和钾。植物需要的微量营养元素有铁、锰、铜、锌、钼、钴和硼。

　　水生植物不同于陆生植物，它既可从通过叶子从水中，又可通过根从沉积物中吸收矿物营养元素。沉在水中的土壤一般缺氧，有根的水生植物在缺氧情况之下对铁、磷和氮的利用比在有氧情况下更容易。肥沃土壤中的营养浓度比溶解在水中的营养浓度高。因为缺少可利用的营养元素，这里没有浮游植物的生存竞争。

　　水生植物同样需要水中溶解有某些营养素。多数有根的水生植物需要水中有钙、镁、钾和碳来源。在水生植物生长的环境中，经常矿物营养含量不足。这些植物能吸收和存储大量营养元素为以后使用。

铁

铁是一种化学元素，化学符号为Fe。它是地壳中含量第二高的金属元素，是植物形成叶绿素的催化剂。植物缺铁常发生嫩叶，叶面和叶面褪绿，全叶出现白化。补铁可适量施用硫酸亚铁。

铜

铜是一种化学元素，化学符号为Cu。它是人类最早发现的金属之一，是植物必需营养元素之一，是植物体内多种氧化酶的组成成分，能够影响叶绿素的形成和蛋白质代谢。补铜可适量施用硫酸铜和氯化铜。

硼

硼是一种化学元素，化学符号为B，是植物生长所需的微量元素之一，能够促进植物根系的生长，促进细胞伸长和组织分化，增强作物抗逆性。缺硼时，植物的开花结实受影响。

荷花

茭 白

茭白

　　茭白，又名水笋、茭瓜、茭笋、菰、菰菜、雕胡，属禾本科菰属，是多年生水生草本植物，一般生长于浅水中。茭白的种子称为"菰米"，为古代六谷之一。目前，茭白的食用部分是其基部肥大的肉质茎。茭白是中国特有的水生蔬菜，与莼菜、鲈鱼并称为江南三大名菜。茭白含有丰富的维生素，有解酒醉的功效。嫩茭白的有机氮素以氨基酸状态存在，并能提供硫元素，味道鲜美，营养价值较高，容易为人体所吸收。但由于茭白含有较多的草酸，其钙质不容易被人体所吸收。

　　茭白植株高1～3米。叶互生，线状剑形，5～8枚，由叶片和叶鞘两部分组成；叶片与叶鞘相接处有三角形的叶枕，称"茭白眼"；叶鞘自地面向上，层层左右互相抱合，形成假茎。茎可分地上茎和地下茎两种，地上茎短缩状，部分埋入土中，其上发生多数分蘖；地下茎为匍匐茎，横生于土中越冬，其先端数芽次年春萌生新株，新株又能产生新的分蘖。由于茭白植株体内寄生着黑穗菌，其菌丝体随植株的生长，到初夏或秋季抽薹时，主茎和早期分蘖的短缩茎上的花茎组织受菌丝体代谢产物——吲哚乙酸的刺激，基部2～7节处分生组织细胞增生，膨大成肥嫩的肉质茎（菌瘿），即食用的茭白。雄茭是指少数抗病力特别强，黑穗菌的菌丝不能侵入，不能形成茭白，至夏秋花茎伸长抽薹开花的植株。

茭白的形成

菰米在结穗时染上黑粉菌，花茎便不能再开花结果，花茎的基底部分因受病菌刺激便膨大，形成纺锤形的茭白。茭白是水生蔬菜之一，可分为一熟茭和二熟茭，二熟茭一年可熟两次（春季、秋季）。

茭白的营养成分

茭白含糖类4%、有机氮6.59%、水分81.9%、脂肪2.3%、蛋白质1.5%、纤维1.28%、灰粉1.17%，还含有赖氨酸等17种氨基酸，其中苏氨酸、甲硫氨酸、苯丙氨酸、赖氨酸等是人体必需氨基酸。

灰　茭

灰茭是指部分植株过熟后或菌丝体生长迅速，致使茭白内部充满黑褐色孢子，品质极差，不能食用。

茭白

水生植物与温度

木棉

　　植物在生长发育的过程中需要一定的热量。判断一种植物能否在某一地区生长，应该查看当地无霜期的长短、生长期中日平均温度的高低、某些日平均温度持续时期的长短、当地变温出现的时期和幅度的大小、当地积温量、当地最热月和最冷月的月平均温度值、极端温度值和持续的时间，这些极值对植物的自然分布有着极大的影响。

　　温度能够影响植物的生长发育，从而限制了植物的分布范围。热带和亚热带的木本植物引种到北方地区就会冻死，如木棉、凤凰木、鸡蛋花、白兰等；北方地区的木本植物引种到亚热带和热带地区，就会生长不良或不能开花结实，甚至死亡，如桃、苹果等。各种植物对温度的适应能力有很大差异，有些木本植物对温度变化的适应能力特别强，能在广阔的地域生长和分布，称为"广温植物"；有些木本植物对温度变化的适应能力较弱，只能生活在很小的范围内，称为"狭温植物"。

日平均气温

日平均气温是指一天24小时的平均气温，一般在一天24时中取4个时间段，把4个时间段的气温相加后除以4，就可计算出日平均气温，4个时间段为2时、8时、14时、20时。

苹果

积　温

积温是指某一时段内逐日平均温度之和，单位为℃，包括活动积温、有效积温、负积温、地积温、日积温等。植物完成整个生命周期，需要一定的积温。

极端温度

极端温度是指一段时间内某一地区达到的最低温度和最高温度。植物的生长需要一个适宜的温度，极端温度对植物的生长不利。

豆 瓣 菜

豆瓣菜

豆瓣菜，又名水芥菜、水田芥，属于十字花科豆瓣菜属，原产于欧洲，为一二年生水生草本植物。豆瓣菜中超氧化物歧化酶（SOD）含量很高，还含有丰富的维生素及矿物质，其嫩茎叶可食，气味辛香，最适合在秋季食用，脆嫩爽口，清香诱人，作汤或炒食均宜。豆瓣菜适合露地栽培，为池畔、溪边的造景材料，也可盆栽观赏，主要用于园林水景边缘和浅水区绿化或覆盖。豆瓣菜具有能清热止咳、清燥润肺、化痰止咳、利尿等功效。

豆瓣菜植株高20～40厘米，全株无毛，多分枝。丛生茎匍匐或半匍匐状，圆形，幼嫩时实心，长老后中空，呈青绿色；具多数节，每节均能发生分枝和须根，遇潮湿环境须根即伸长生长。叶互生，每节1叶；奇数羽状复叶，小叶3～7片，卵形或近圆形，长约6厘米；顶端裂片大，侧裂片小，长圆形，边缘有少数波状齿或全缘；具长柄，呈深绿色，气温低时会变成暗紫色；花序为总状花序，花细小，两性花，花冠呈白色。果实为长角果，柱形，扁平，有短喙。种子细小，扁椭圆形，呈黄褐色。花果期3～8月。

芥　菜

　　芥菜，为一二年生草本，属于十字花科芸薹属。茎为短缩茎；叶着生于短缩茎，呈绿色、黄色、绿带紫色；花冠十字形，呈黄色。植物含有丰富的维生素等抗氧化物质，可以食用。

超氧化物歧化酶

　　超氧化物歧化酶，英文简写为"SOD"，是含有金属元素的活性蛋白酶，是源于生命体的活性物质，是生物体内重要的抗氧化酶，能消除生物体在新陈代谢过程中产生的有害物质，广泛存在于各种生物体内。

芥菜

维　生　素

　　维生素是维持人体生理活动必不可少的一类有机物质，需要从食物中摄取。维生素分为脂溶性维生素和水溶性维生素两类，包括维生素A、维生素D、维生素E、维生素K、B族维生素和维生素C等。

水生植物与土壤

荷花

　　土壤，是由一层层厚度各异的矿物质成分所组成大自然主体。土壤和母质层的区别表现在于形态、物理特性、化学特性以及矿物学特性等方面。由于地壳、水蒸气、大气和生物圈的相互作用，土层有别于母质层。它是矿物和有机物的混合组成部分，存在着固体、气体和液体状态。疏松的土壤微粒组合起来，形成充满间隙的土壤的形式。这些孔隙中含有溶解溶液（液体）和空气（气体）。因此，土壤通常被视为有多种状态。

　　土壤由岩石风化而成的矿物质、动植物、土壤生物（固体物质），以及水分（液体物质）、空气（气体物质）、腐殖质等组成。固体物质包括土壤矿物质、有机质和微生物等。液体

走
生
植
物

58

物质主要指土壤水分。气体是存在于土壤孔隙中的空气。土壤中这三类物质构成了一个矛盾的统一体。它们互相联系、互相制约，为作物提供必需的生活条件，是土壤肥力的物质基础。

矿　物　质

矿物质是指岩石经过风化作用形成的大小不等的矿物颗粒，包括砂粒、土粒和胶粒。矿物质化学组成复杂，种类繁多，直接影响土壤的物理性质和化学性质，是植物养分的重要来源。

有　机　质

有机质是衡量土壤肥力的重要标志，含有氮、磷、钾、钙、硫等元素，还含有一些微量元素，能够改良土壤物理性质，增强土壤的吸水和保肥能力，促进土壤微生物的活动，有利于植物的生长。

微　生　物

土壤中的微生物包括细菌、真菌、防线菌、藻类植物等，种类繁多，数量较大，能够分解有机质和矿物质。土壤中的固氮菌能固定土壤中的氮素。

荷花

慈　姑

　　慈姑，又名藉姑、水萍、槎牙、燕尾草、剪刀草、水慈菇、剪搭草，属于泽泻科慈姑属，为宿根性水生草本植物，生于沼泽中，球茎可以食用。慈姑含有淀粉、蛋白质和多种维生素，富含钾、磷、锌等微量元素，对人体机能有调节促进作用，还具有抑菌消炎的作用。中医认为，慈姑具有生津润肺、补中益气的功效。

　　慈姑植株高约1米，长有纤匐枝，枝端膨大而成球茎，翌春即由此而生新植株。叶变化极大，浮水的常为卵形或近戟形，突出水面的戟形叶长5～20厘米，阔或狭，先端钝或短尖，基部裂片向两侧开展；叶柄长20～40厘米，三棱形。茎为短缩茎，秋季从各叶腋间向地下四面斜下方抽生葡匐茎；葡匐茎长40～60厘米，粗1厘米；球茎膨大，高3～5厘米，横径3～4厘米，呈球形或卵形，具2～3环节，顶芽尖嘴状。从叶腋抽生花梗1～2枝，花梗长15～45厘米；总状花序或圆锥花序具花3～5轮，每轮具花3～5朵，下轮为雌花，上轮为雄花且有较细长的柄；苞

狭叶慈姑

片短，短尖或钝；花径约1.8厘米；萼片3枚，卵形，钝；花瓣3枚，呈白色，基部常呈紫色，近圆形；雄蕊多数；心皮多数，聚集于花托上。瘦果斜倒卵形，先端短锐尖。花期夏、秋。

钾

钾是一种化学元素，化学符号为K，是在地壳中占第七位的金属元素，能促进植物茎秆健壮，改善果实品质，提高果实糖分和维生素含量，增强植株抗寒能力。补钾时可适量施用磷酸二氢钾。

磷

磷是一种化学元素，化学符号为P，能促进植物的各种代谢的正常进行，提高植物的抗寒性和抗旱性。植物缺磷时，生长速度减缓，分枝减少，植株矮小，开花期和成熟期延迟，产量减低。

锌

锌是一种化学元素，化学符号为Zn，是一种常见的有色金属，是植物体内酶的金属活化剂，主要存在于叶绿体中。植物缺锌时，生长发育停滞，植株矮小，叶脉间出现淡绿色或白色锈斑。

三裂慈姑

水生植物与空气

睡莲

　　氧气在水中的传播速度慢，使二氧化碳扩散受到限制，叶片周围的二氧化碳浓度增加。水生植物（如睡莲）有内在的通气系统，根系可以通过压力流吸收二氧化碳。水生植物能够生长在长期淹水的缺氧底泥中，根系输氧作用是其生存的关键因素之一。水生植物具有光合放氧的作用，除了自身呼吸消耗外，一部分氧气直接释放到空气或水中，还有一部分向下运输释放到底泥中。大气中的氧气也可以通过植物叶表面、茎秆等的空隙进入植物体内。水生植物呼吸作用产生的二氧化碳沿着相反的方向自植物体向大气释放，底泥中微生物产生的二氧化碳则自底泥向植物体和大气扩散。

扩　散

扩散可以分为很多种，包括生物学扩散、化学扩散、物理学扩散等，这些扩散的状态都不相同，有些扩散需要基质，有些扩散需要能量。

呼吸作用

呼吸作用是指生物细胞在酶的催化作用下，将糖类物质、脂类物质和蛋白质等氧化分解，生成二氧化碳和其他产物，并释放能量的过程，分为有氧呼吸和无氧呼吸两种。动物和植物都需要进行呼吸作用。

睡莲

有氧呼吸

有氧呼吸是指生物细胞在有氧的环境中，在酶的催化作用下，将糖类物质、脂类物质和蛋白质等氧化分解，生成二氧化碳和水，并释放出大量能量的过程。有氧呼吸是生物呼吸作用的主要形式。

菖　蒲

菖蒲

　　菖蒲，属于菖蒲科菖蒲属，为多年生水生草本植物，原产于亚洲北部，喜生于沼泽、沟边、湖边。菖蒲可以提取芳香油。在端午节，中国民间有把菖蒲叶和艾捆一起的习俗。夏、秋之夜，燃菖蒲和艾叶驱蚊灭虫的习俗保持至今。菖蒲与兰花、水仙、菊花并称为"花草四雅"。菖蒲具有吸附空气中微尘的功能。

　　菖蒲植株有香气。根状茎横走，粗壮，稍扁，直径0.5～2厘米，有多数不定根（须根）。叶基生，剑状线形，长50～120厘米，或更长，中部宽1～3厘米；叶基部成鞘状，抱茎，中部以下渐尖；中脉明显，两侧均隆起，每侧有3～5条平行脉；叶基部有膜质叶鞘，后脱落。花茎基生，扁三棱形，长20～50厘米；叶状佛焰苞长20～40厘米，肉穗花序直立或斜向上生长，

圆柱形，呈黄绿色，长4～9毫米，直径6～12厘米；花两性，密
集生长，花被片6枚，条形，长2.5毫米，宽1毫米；雄蕊6枚，
稍长于花被，花丝扁平，花药呈淡黄色；子房长圆柱形，长3毫
米，直径 .2毫米，顶端圆锥状，花柱短，胚珠多数。浆果呈红
色，长圆形，有种子1～4粒。花期6～9月，果期8～10月。

兰　花

　　兰花，又名"中国兰"，为多年生草本，属于兰科兰属，具有
香味，被誉为"花中君子"。肉质根肥大，具有假鳞茎，叶线形，花
单生或组成总状花序。根、叶、花、果实、种子均可入药。

水　仙

　　水仙，又名凌波仙子、金银
台、玉玲珑　为多年生草本，属
于石蒜科水仙属，原产中国，是
中国传统名花之一。根可入药，
具有清热解毒的功效。

菊　花

　　菊花，又名寿客、秋菊、
黄华，为多年生草本，属于菊科
菊属，是中国十大名花之一，品
种众多，主要分为单瓣和重瓣两
大类。花色有红、黄、白、紫、
绿、橘黄、粉红等，还有复色和
间色等。

水仙

65

水生植物的根

藕是荷花的根状茎

　　植物的根一般在地下生长，是植物的营养器官。根将植物的地上部分牢固地固着在土壤中，同时支持植物的地上部分。根能够从土壤中吸水和溶于水的养料，同时还能够贮藏养料。由叶制造的有机物质通过茎送至根部，由根的微管组织输送到根的各部分，维持植物的生长。

　　水生植物根无根冠存在，根套具平稳作用；无根毛，整个根的表皮细胞都有吸收功能；贮气组织发达，维管束退化；根的吸收作用较低，主要起固定植物体的作用。沉水植物的根沉没在水中，与大气完全隔绝；浮水植物的根生长在水面以下的水体中；挺水植物的根部长期生长在水中。水生植物的须根生于泥土中或悬垂于水层中，固定、平衡植物体和吸收养分。水生植物根系的固着、支持和吸收功能已不如陆生植物重要，根系退化，某些漂浮植物甚至缺少根系，只有部分挺水植物尚保存着较为发达的根系。

植物器官

　　植物器官分为营养器官和生殖器官。营养器官包括根、茎、叶，能够维持植物生命，进行光合作用等；生殖器官包括花、果实、种子，具有繁殖的能力，能够长出新的植物体。

有机物质

　　有机物质是生命产生的物质基础，包括分子较大的含碳化合物和碳氢化合物及其衍生物。有机物质主要含有碳和氢，此外也含有氧、氮、硫、磷等，部分来自于自然界。

微管组织

　　微管组织是指在活细胞内，能够起始微管的成核作用，并使之延伸的细胞结构。位于纤毛和鞭毛基部的基体等结构，与中心体类似，具有起始微管组织中心的作用。

芡

芡

芡，属于睡莲科芡属，一年生大型水生草本，生于池塘、湖沼及水田中。芡实是芡的干燥成熟种仁，又名水流黄、鸡头果、苏黄等，具有补中益气、益肾固精、除湿止带等功效，同时具有很高的食疗价值。

芡根茎粗壮且短，具白色须根及不明显的茎。初生叶沉水，箭形或椭圆肾形，长4～10厘米，两面无刺，叶柄无刺；后生叶浮于水面，革质，椭圆肾形至圆形，直径10～130厘米，上面呈深绿色，多皱褶，下面呈深紫色，有短柔毛，叶脉凸起，边缘向上折；叶柄及花梗粗壮，长可达25厘米。花单生，昼开夜合，长约5厘米；萼片4枚，披针形，长1～1.5厘米，内面呈紫色；花瓣多数，长圆状披针形，长1.5～2厘米，呈紫红色，成数轮排列；雄蕊多数；子房下位，心皮8个，柱头呈红色，为凹入的圆盘状，扁平。浆果球形，直径3～5厘米，海绵质，呈暗紫红色。种子球形，直径约10毫米，呈黑色。花期7～8月，果期8～9月。

芡实的营养成分

　　芡实含有蛋白质、脂肪、碳水化合物、钙、磷、铁等营养物质，还含有少量维生素B_1、维生素B_2、维生素B_5、维生素C、胡萝卜素等，具有增强小肠吸收功能的作用。

芡实的采收

　　芡实一般在花开后的35～55天达到可以采收的标准，适度成熟的果实饱满、光滑无毛。采收时，自果实基部将芡实用刀砍下来，然后将果实放入容器内即可。

芡实的药材特征

　　干燥的种仁适合入药，圆球形，一般直径为6毫米，一端呈白色，具圆形凹陷；另一端呈棕红色，表面平滑，具花纹，颗粒饱满，味淡。

芡的果实

水生植物的茎

　　茎的主要功能是输导和支持，能将根从土壤中吸收的水分和无机盐通过木质部运输到地上各部分，同时又能将叶光合作用制造的有机养料通过韧皮部运送到根及植物体的各个器官。茎向上承载着叶，向下与根系相连，其内的微管组织使二者联系到一起。茎还有支持叶、花和果实的功能，有利于光合作用、开花和传粉的进行，以及果实和种子的成熟和散布。茎还有贮藏和繁殖的功能，在茎的薄壁组织中，贮藏有大量的营养物质。

荷花的叶柄

　　水生植物的茎幼嫩而纤细，分枝少，表皮一般不具角质层。茎基本上由薄壁细胞组成，细胞间隙很发达，常形成很大的气室。直立茎背地面生长，直立，大多数植物的茎均属直立茎，机械组织退化且多集中在中央增加韧性，能随水飘荡而不易折断。水生植物的维管束退化，表皮细胞也可以吸收溶解于水中的各种营养物质。表皮细胞也具有叶绿素可进行光合作用，水中光照弱。水生植物的气室特别发达，能够适应水环境中气体交换差这一条件。

各类茎的特点

葡匐茎细长柔弱，平卧于地面，蔓延生长，节间较长，节上能生补丁根。有些多年生植物的地下茎的形状如根，称为"根茎"，气室发达，营养丰富、繁殖力强。某些植物的地下茎先端膨大成球形，称为"球茎"。

荷花

无 机 盐

无机盐是指无机化合物中的盐类物质，大量元素包括钙、磷、钾、硫、钠、氯、镁，微量元素包括铁、锌、硒、钼、氟、铬、钴、碘等。

韧 皮 部

韧皮部是指蕨类植物和种子植物体内疏导养分，并具有支持和贮藏等功能的组织，由筛分子、厚壁组织细胞和薄壁组织细胞等组成，位于茎皮和形成层之间，与木质部一起组成维管系统。

71

荸荠

荸荠

荸荠，又名马蹄、地栗、荸荠，属于莎草科荸荠属，为浅水性宿根草本植物，原产于印度，以球茎作蔬菜食用，喜生于池沼中或栽培在水田里。荸荠皮呈紫黑色，肉质洁白，味甜多汁，清脆可口，自古有"地下雪梨"之美誉，北方人称其为"江南人参"。荸荠的含磷量在根茎类蔬菜中属于较高的，磷能促进人体生长发育和维持生理功能，对牙齿骨骼的发育有很大好处，同时可促进体内的糖、脂肪、蛋白质三大物质的代谢，调节酸碱平衡，因此荸荠适于儿童食用。

荸荠的匍匐根状茎细长，末端膨大成扁圆形球状，直径约4厘米，呈黑褐色；地上茎圆柱形，高达75厘米，丛生，不分枝，中空，具隔，表面平滑，呈绿色。叶片退化，叶鞘薄膜质，鞘口斜形，易脱落。穗状花序顶生，直立，圆柱形，呈淡绿色；鳞片宽倒卵形，螺旋式或覆瓦状排列，背部有细密纵直条纹；花被6枚，变为刚毛，上具倒生钩；雄蕊2枚，花丝细长；子房上位，柱头2或3裂，呈深褐色。小坚果呈双凸形，长约2.5毫米。花期6～7月。荸荠可食用部分是其地下匍匐茎先端膨大的球茎，扁圆球形，表面平滑，老熟后呈深栗色或枣红色，有环节3～5圈，并有短鸟嘴状顶芽和侧芽，肉呈白色、质地脆嫩，多汁且甜。

荸荠英

荸荠英是荸荠所特有的一种化学成分，是一种抗病毒物质，对黄金色葡萄球菌、大肠杆菌、产气杆菌和绿脓杆菌均有一定的抑制作用，还可以降血压，对预防癌症也有一定的疗效。

荸荠

荸荠的营养成分

荸荠含有碳水化合物、脂肪、蛋白质、纤维素、维生素A、维生素C、维生素E、胡萝卜素、维生素B$_1$、维生素B$_2$、维生素B$_5$、镁、钙、铁、锌、铜、锰、钾、磷、钠、硒。

酸碱平衡

酸碱平衡是指人体内的各种体液具有适宜的酸碱度，正常人血液的pH值在7.35～7.45之间，人体需要将多余的酸性或碱性物质排出体外，这是人体维持正常生理活动的重要条件之一。

灯 芯 草

灯芯草

  灯芯草，属于灯芯草科灯芯草属，为多年生草本水生植物，茎髓可全草入药，具有清热、利水渗湿等功效，可用于治疗水肿、心烦不寐、喉痹、创伤等症。茎圆细而长直，古人用茎编织成席，其芯能燃灯，故名灯芯草。

  灯芯草植株高40～100厘米。地下茎短，匍匐性，根茎横走，密生须根；地上茎簇生，直立，细柱形，直径1.5～4毫米，内充满乳白色髓，占茎的大部分。叶鞘呈红褐色或淡黄色，长者达15厘米；叶片退化呈刺芒状。花序假侧生，聚伞状，多花，密集或疏散；与茎贯连的苞片长5～20厘米；花呈淡绿色，具短柄，长2～2.5毫米；花被片6枚，条状披针形，排列为2轮，外轮稍长，边缘膜质，背面被柔毛；雄蕊3枚，长约为花被的2/3，花药稍短于花丝；雌蕊1枚，子房上位，3室，花柱很短，柱头3裂。蒴果长圆状，先端钝或微凹，长约与花被等长或稍长，内有3个完整的隔膜。种子多数，卵状长圆形，呈褐色，长约0.4毫米。花期6～7月，果期7～10月。

茎　　髓

茎髓位于茎或根的木质部内，是由薄壁组织构成的疏松的部分，比较松软，嫩时含较多的水，细胞一般较大，细胞中含有淀粉、色素和单宁等。

花　　柱

花柱是雌蕊的一部分，是指连接柱头和子房的部分，是花粉管进入子房的通道。花粉的内部结构包括开放型和闭合型两种类型，开放型花柱中具有花柱道，闭合型花柱则没有。

花　　序

花序是指被子植物的花在总花柄上有规律的排列方式，分为有限花序和无限花序两大类。其中有限花序包括单岐聚伞花序、二岐聚伞花序和多岐聚伞花序等，无限花序包括简单花序和复合花序。

睡莲

水生植物的叶

荷叶

　　叶是绿色植物进行光合作用的主要器官，能够合成糖类、脂类、蛋白质、有机酸等有机化合物，同时放出氧气，为自身和整个生物界的生存与发展提供必需的条件。叶还是高等植物进行蒸腾作用的器官，能够促进植物对水分和无机盐的吸收与运转，有利于二氧化碳进入叶内，完成光合过程。水生植物的叶片通常较薄，有的叶片细裂如丝或呈线状；有的呈带状；有的叶子宽大呈透明状。叶绿体不仅分布在叶肉细胞中，还分布在表皮的细胞内，可以有效地利用水中的微弱光照进行光合作用。沉水植物的叶沉没在水下，与大气完全隔绝，浮水植物的叶漂浮在水面，挺水植物的叶大部分挺伸在水面上。

　　叶分为叶片、叶柄和托叶三部分。有些叶基部扩大成鞘状或由托叶演变成鞘状，称为"叶鞘"或"鞘状托叶"。叶鞘常具有叶舌和叶耳。叶舌位于叶片和叶鞘相连的腹面。叶耳位于叶舌两侧。叶脉包括网状脉、平行脉和叉状脉三种类型。

网 状 脉

网状脉属于叶脉脉序的一种，具有明显主脉，细脉逐级分支，交错分布，互相联结形成网状。双子叶植物的叶脉多为网状脉，天南星和薯蓣等植物的叶脉也为网状脉。

平 行 脉

平行脉属于叶脉脉序的一种，是单子叶植物特有的脉序，中脉、侧脉和细脉均平行排列，或侧脉和中脉近于垂直，而侧脉之间近于平行。平行脉分为直出、弧形、射出、横出等类型。

叉 状 脉

叉状脉属于叶脉脉序的一种，是由二叉分枝构成的叉状分枝叶脉，全部叶脉无主从关系，仅由叉状脉构成。苹、银杏等植物的叶脉均属于这种类型。

睡莲

王　莲

王莲

　　王莲，又名水玉米，属于睡莲科王莲属，为多年生或一年生浮叶草本植物，原产于南美洲。王莲的叶片直径可达3米以上，叶面光滑，叶缘上卷，犹如一只只浮在水面上的翠绿色大玉盘；因其叶脉与一般植物的叶脉结构不同，成肋条状，似伞架，所以具有很大的浮力，最多可承受60～70千克重的物体而不下沉。

　　王莲根状茎初直立，具有发达的不定须根，白色。初生叶线形直立，第3叶或第4叶为箭形，第5叶或第6片叶为卵形或椭圆形，基部凹缺；从约第10片叶起，为成熟叶片，圆形，边缘向上反卷，叶片特大，直径约2米，大的达2.5米，如一浅口大盆平铺水面，表面有皱起，反背有刺，漂浮力特大，可承受40～50千克的重量。花硕大美丽，直径可达30厘米左右，有花瓣60～70枚，呈数圈排列在萼片之内。果实成熟时，种子的大小和形状似豌豆，含有丰富淀粉，可食用。

王莲的花会变色

一般每朵王莲花可开放3天左右，暮开朝合，且花色随时间变化而变化，第一天傍晚，刚露出水面的蓓蕾呈乳白色；次日早晨花朵闭合，等到傍晚时又再怒放，花瓣则由白色转变成淡红色；等到第三天花朵开放时，由淡红色转变成深红色，最后以紫红色而凋谢，并沉入水中结子。

叶的承重

王莲的叶子可承重20～30千克，这是因为叶片背面分布着许多纵横交错、粗细不等的呈放射状的叶脉，之间还有镰刀形的横筋紧密连接，构成了一种非常稳定的网状结构。

叶的结构

被子植物的叶片由表皮、叶肉和叶脉三部分组成。表皮通常由单层生活细胞组成。叶肉位于表皮内，由基本分生组织发育而来，主要由同化组织组成。

水生植物的花

睡莲

　　花是被子植物所特有的生殖器官，是被子植物区别于其他植物类群的标志性结构，因此被子植物又被称为"有花植物"。花在被子植物的个体繁衍与保持物种的遗传稳定中起到了重要作用，其形态结构一般在种内个体间是保守而稳定的，变异较小，因而在生活史中存在时间较短，受环境因素的影响较小，而不同植物的花在形态上的相似与差异往往反映了种间的演化关系。典型的被子植物的花包括花梗、花托、花萼、花冠、雄蕊群和雌蕊群等部分。一朵具有花萼、花冠、雄蕊群和雌蕊群的花，称为"完全花"。缺少任何一部分的花，称为"不完全花"。花是水生被子植物的有性繁殖器官，一朵典型的两性花由花柄、花托、花萼、花瓣、雌蕊、雄蕊等部分组成。

生殖器官

植物的生殖器官包括花、果实、种子。

植物类群

植物类群主要包括菌类植物、藻类植物、苔藓植物、蕨类植物、种子植物，其中种子植物包括裸子植物和被子植物，而地衣植物则是由藻类植物和菌类植物共生而形成的。

遗传稳定

遗传稳定是指亲本的形状遗传给子代，子代的形状不出现分离，多出现于亲本自交。

黄菖蒲

荇菜

荇菜

荇菜，又名苦菜、莲叶苦菜、驴蹄菜、水荷叶，属于龙胆科荇菜属，为多年生水生植物，原产于中国，生于池沼、湖泊、沟渠、稻田、河流或河口的平稳水域。荇菜叶片形似睡莲，小巧别致，鲜黄色花朵挺出水面，花多，花期长，是庭院点缀水景的佳品。根茎可供食用，可作蔬菜来煮汤，柔软滑嫩。全草均可入药，具有清热利尿、消肿解毒等功效。

荇菜的枝条为二型，长枝匍匐于水底，如横走茎；短枝从长枝的节处长出。叶柄长度变化大；叶卵形，长3～5厘米，宽3～5厘米，上表面呈绿色，边缘具紫黑色斑块，下表面呈紫色，基部深裂成心形。花大且明显，是荇菜属中花形最大的种类，直径约2.5厘米。花冠呈黄色，五裂，裂片边缘成须状。花冠裂片中间有一明显的皱痕，裂片口两侧有毛，裂片基部各有一丛毛，具有5枚腺体；雄蕊5枚，插于裂片之间；雌蕊柱头二裂。蒴果椭圆形，不开裂；种子多数，圆形，扁平，边缘有刚毛。果实扁平。

花　　冠

一朵花的全部花瓣统称为"花冠"。花冠颜色鲜艳，比较薄，位于花萼上方，排列成一轮或多轮，主要包括十字花冠、蝶形花冠、唇形花冠、钟状花冠、轮状花冠、管状花冠、舌状花冠等类型。

蒴　　果

蒴果是干果的一种，由复雌蕊构成，成熟时裂开，包括背裂、腹裂、孔裂、齿裂、盖裂等开裂方式。百合、鸢尾、牵牛花、虞美人、石竹、马齿苋等植物的果实均为蒴果。

蜜　　腺

蜜腺有花蜜腺和花外蜜腺两种类型，形状包括杯状、浅杯状、喇叭形、圆环形、二裂形、波浪形等。

雨 久 花

雨久花

　　雨久花，又名浮蔷、蓝花菜，属于雨久花科雨久花属，为多年生挺水或湿生草本植物，多生于沼泽地、水沟及池塘的边缘。花大而美丽，呈淡蓝色，像只飞舞的蓝鸟，又名蓝鸟花。叶色翠绿、光亮、素雅，在园林水景布置中常与其他水生观赏植物搭配使用，是一种极好而美丽的水生花卉。该花也可盆栽观赏，花序可作切插花材料。全草可作家畜、家禽饲料，也可供药用，有清热解毒、消肿等功效。嫩茎叶具有清热、去湿、定喘、解毒的功效。雨久花含有蛋白质、脂肪、纤维素、钙、磷、多种维生素等营养物质。

　　雨久花植株高50～90厘米，全株光滑无毛；具短根状茎，茎直立或稍倾斜。叶多型，挺水叶互生，具短柄，阔卵状心形，长6～20厘米，宽4～18厘米，先端急尖或渐尖，全缘，基部心形，呈绿色，草质；沉水叶具长柄，狭带形，基部膨大成鞘，抱茎；浮水叶披针形。花两性，花序梗长5～10厘米，总状花序顶生，有时排成总状圆锥花序；花被片6枚，呈蓝紫色；雄蕊6枚，子房上位。蒴果卵状三角形，长10～12毫米。种子短圆柱形，呈深棕黄色，具纵棱，能自播。花期7～8月，果期9～10月。

花　　被

花萼和花冠统称为"花被"，位于雌蕊和雄蕊外，分为内和外两部分，内部的是花冠，外部的是花萼。有的植物具有明显的花萼和花冠，有的植物的花萼和花冠合在一起，有的植物没有花萼和花冠。

插　　花

插花是指将植物的枝、叶、花等作为花材，根据一定的主题和构思，不带根，插入瓶、盘、罐等容器中，配置成一件工艺品，再现自然之美。

雨久花

盆　　栽

盆栽是指将植物种植于容器之中，用于观赏。可以将一种植物单栽，也可以将几种植物搭配栽培。盆栽起源于园林造景，分为大型盆栽、中型盆栽、小型盆栽、微型盆栽等类型。

水生植物的果实

荷花的果实

　　果实分为单果、聚合果和聚花果三类。单果由一朵花中的一枚单雌蕊或复雌蕊参与形成，可分为肉质果和干果两类。草本植物的肉质果主要是浆果，浆果外果皮薄，浆汁丰富。干果又分为荚果、蓇葖果、角果、蒴果、颖果、双悬果。荚果是豆科植物所特有的干果。蓇葖果成熟时，沿腹线缝线开裂，或沿背缝线开裂。角果是十字花科植物所特有的开裂干果。蒴果含多粒种子，种子成熟后有室背开裂、室间开裂、室轴开裂、盖裂、空裂等方式。瘦果为不开裂干果。颖果是禾本科植物所特有的一类不开裂的干果。双悬果成熟后心皮分离成两瓣，并列悬挂在中央果柄的上端。聚合果是由一朵花中的许多枚离生单雌蕊聚集生长在花托上，并与花托共同发育而成的果实，分为聚合瘦果、聚合核果、聚合坚果、聚合蓇葖果。聚花果是由整个花序发育而成的果实。

十字花科

十字花科的植物属于双子叶植物，为一年生、二年生或多年生草本。基生叶莲座状，花两性，辐射对称，花序为总状花序，果实为长角果或短角果。本科的芸薹属、萝卜属的植物是重要的菜用植物和油料作物。

禾　本　科

禾本科属于单子叶植物，为一年生、二年生或多年生草本。小穗由颖片、小花和小穗轴组成，是禾本科植物的典型特征。果实为颖果。本科的小麦、水稻、玉米、大麦、高粱等植物是重要的粮食作物。

雌蕊的类型

由于组成雌蕊的心皮数目和心皮间的分离与联合情况不同，雌蕊常分单雌蕊、离生单雌蕊和复雌蕊等类型。

菱的果实

海 芋

　　海芋，又名滴水观音、野芋头、山芋头、大根芋、大虫芋、天芋，属于天南星科海芋属，原产于南美洲。如果环境湿度过大，其阔大的叶片会向下滴水，其花为肉穗花序，外有一大型绿色佛焰苞，开展成舟型，如同观音坐像，因此得名"滴水观音"。植株有毒，不可误食或碰到眼中，其叶汁入口会引起中毒。海芋生长十分旺盛、壮观，有热带风光的气氛，同属植物有60～70种，主要产于亚洲热带地区。

　　海芋茎粗壮，皮呈茶褐色，高达3米，茎内多黏液。叶互生，阔卵形，极大，长30～90厘米，宽20～60厘米，先端短尖；基部广心状箭头形，2裂，裂片先端浑圆，近叶柄处合生，裂口狭；全缘或微呈波状；侧脉9～12对，粗且明显，呈绿色；叶柄粗壮，长60～90厘米，下部粗大，抱茎。花单性，雌雄同株；花序柄粗壮，每一个叶腋内约有2个花序柄，柄长15～20厘米；佛焰苞呈淡绿色至乳白色，下

海芋

部呈绿色，管长3～4厘米；苞片舟状，长10～14厘米，宽4～5厘米，呈绿黄色，先端锐尖；肉穗花序短于佛焰苞；雌花序长2～2.5厘米，位于下部；中性花序长2.5～9.5厘米，位于雌花序之上；雄花序长3厘米，位于中性花序之上；附属体长约8厘米，有网状槽纹；子房3～4室；浆果呈红色；种子成熟时呈红色。花期为春末夏初。

尖 尾 芋

尖尾芋，又名观音莲、假海芋，为多年生草本，属于天南星科海芋属，全株有毒。根茎肉质，肥大；叶丛生，心脏形，呈绿色；佛焰苞管部长圆状卵形，檐部狭兵状；果实为浆果。

海芋

霸 王 芋

霸王芋，又名广东狼毒、野芋、独脚莲，为多年生常绿草本，属于天南星科海芋属，为杂交品种，全株有毒。茎粗壮，具黏液；叶箭形；佛焰苞呈淡绿色至乳白色，下部呈绿色；果实为浆果。

龟 甲 芋

龟甲芋，又名黑叶芋、黑叶观音莲，为多年生草本，属于天南星科海芋属，为杂交品种，全株有毒。块茎肉质，易分蘖；叶箭形，叶面呈绿色，具光泽，叶脉呈银白色，叶背呈紫褐色；花序为佛焰花序，呈白色。

水生植物的种子

莲子

　　种子的大小、形状、颜色因植物种类不同而有差异。椰子的种子很大，可以达几千克重，油菜、芝麻的种子较小，而烟草、马齿苋、兰科植物的种子则更小，可能都不到一克重。种子的形状主要有圆（球）形、椭圆形、肾形、纺锤形、三棱形、卵形、扁卵形、盾形和螺旋形等。种子的颜色以褐色和黑色较多，但也有其他颜色，如豆类种子就有黑、红、绿、黄、白等色。种子表面有的光滑发亮，也有的暗淡或粗糙，造成表面粗糙的原因是由于表面有穴、沟、网纹、条纹、突起、棱脊等雕纹。有些种子还可看到成熟后自珠柄上脱落时留下的斑痕枣种脐和珠孔。有的种子还具有翅、冠毛、刺、芒和毛等附属物，这些都有助于种子的传播。水生植物和生长于沼泽地带植物的果实或种子多具有漂浮结构。莲的聚合果的花托组织疏松，可以借水力漂载果实进行传播。椰子果实的外果皮平滑，不透水，中果皮疏松，呈纤维状，充满空气，可随海流漂至远处海岛的沙滩而萌发。

珠　柄

珠柄是指植物胚珠的小柄，位于胚珠基部。胚珠凭借珠柄着生于胎座上，能够输送营养物质。荔枝和龙眼的珠柄能发育成假种皮，可以食用。

种　脐

种脐是种子成熟后从种柄或胎座上脱落后留下的具有一定形状的痕迹，有圆形、椭圆形、卵形等形状。有些植物的种脐位于种子先端，有些植物的种脐位于种子基部，有些植物的种脐位于侧面。

珠　孔

珠孔是指种子植物的胚珠顶端的小孔或小缝隙，是由株被不愈合而形成的，是植物在传粉和受精过程中花粉管进入胚珠的通道。胚珠发育成种子后，珠孔发育成种孔。

荸荠　　91

水生植物的繁殖

荷花

　　草本植物最主要的繁殖方法就是播种繁殖，也就是利用植物的种子播种的繁殖方法。大部分草本植物的种子在适宜的水分、温度和氧气的条件下都能顺利萌发；仅有部分草本植物的种子要求光照感应或打破休眠才能萌发。

　　分株繁殖也是水生植物常见的繁殖方式，操作时，将母株从花盆内取出，抖掉多余的盆土，把盘结在一起的根系尽可能地分开，用锋利的小刀把它剖开成两株或两株以上，分出来的每一株都要带有相当的根系，并对其叶片进行适当地修剪，以利于成活。某些花卉的地下部分有鳞茎、球茎、块茎、块根等，这些鳞茎、球茎、块茎、块根等在地下生长了一年后，它的周围会长出小球来，把这些小球分下来种植就行了，操作简单，管理方便。只是要注意，在栽种时，不要把小球种得太深，通常盖土的厚度不要超过球径的1倍。

营养繁殖

营养繁殖是指利用植物的茎、叶、花、块茎、匍匐茎、根等具有再生能力的营养器官进行繁殖的方式。这种繁殖方式能够保持植物的优良性状，繁殖速度快，主要包括分根、压条、扦插、嫁接等方式。

有性繁殖

有性繁殖是指由亲本产生有性生殖细胞，经过精子和卵子的结合形成受精卵，再由受精卵发育成新的个体的生殖方式，子代变异较大，适应自然选择的能力较强。

种子休眠

种子休眠是指具有生活力的种子在适宜的环境条件下不萌发的现象，是植物在长期发育过程中获得的抵抗不良环境的适应生。种子休眠分为初生休眠和次生休眠两类。破坏种皮、低温层积、激素处理等方法能够打破种子休眠。

莲蓬

木　贼

　　木贼，又名锉草、节骨草、无心草、笔头草，为多年生草本蕨类植物，属于木贼科木贼属，常生于河岸湿地、溪边。木贼具有疏散风热、明目退翳、止血等功效，可以用于治疗风热目赤、迎风流泪、出血症等。

　　木贼根茎短，黑色，匍匐，节上长出密集成轮生的黑褐色根，无块茎；茎丛生，坚硬，直立不分枝，圆筒形，直径4～8毫米，有关节状节，节间中空；茎表面有20～30条纵棱，每棱有两列小疣状突起，具节和节间，单一或仅基部节上分枝。

叶退化成鳞片状；基部合生成筒状的鞘，鞘长6～10毫米，基部有一暗褐色的圈，上部呈淡灰色，先端有多数棕褐色细齿状裂片；裂片披针状锥形，先端长，锐尖，背部中央有1条浅沟，裂片早落，茎先端和幼茎上的裂片不脱落。孢子叶球无柄，长椭圆形，紧密，呈棕褐色，先端具小突尖；孢子叶六角盾形，有柄，下生6～10个孢子囊；孢

木贼

子椭圆形，表面有4条弹丝，潮湿时卷紧，干燥时放松；孢子囊穗生于茎顶，于6～8月间抽出，长圆形，长1～1.5厘米，先端具暗褐色的小尖头，由许多轮状排列的六角形盾状孢子叶构成，沿孢子叶的边缘生数个胞子囊，孢子囊大形。

孢　　子

　　孢子是指生物产生的能直接发育成新个体的细胞，不需要两两结合，具有繁殖和休眠作用。孢子包括分生孢子、孢囊孢子、游动孢子、接合孢子、卵孢子、子囊孢子、担孢子、休眠孢子等。

孢　子　囊

　　孢子囊是指制造和容纳孢子的组织，分为小孢子囊和大孢子囊。小孢子囊相当于花药，能够产生花粉。大孢子囊相当于心皮。蕨类植物、苔藓植物和被子植物的孢子囊出现的位置也不相同。

孢　子　叶

　　具有异型孢子的植物的孢子叶，分为大孢子叶和小孢子叶。着生大孢子囊的孢子叶为大孢子叶，着生小孢子囊的孢子叶为小孢子叶。卷柏属植物的大孢子叶和小孢子叶基生于枝顶形成孢子叶穗。

木贼的孢子叶穗

水生植物的食用价值

宽叶香蒲

  可食用的水生植物又称为"水生蔬菜"，主要有10多种，包括莲、茭白、荸荠、慈姑、菱、芡实、水芹、莼菜、宽叶香蒲、水雍菜、豆瓣菜等。水生蔬菜在具有食用价值的同时，有些还兼有药用滋补作用，如菱可以治疗胃癌、食道癌、直肠癌、膀胱癌。

  荷花是食用价值和药用价值最高的植物之一，莲藕和莲子都可以食用，荷花的花瓣有时用于做点缀，而大的莲叶用于包装食物。莲藕是爆炒或煲汤的原料，是荷花中最常为人吃的部分。莲花的雄蕊可以被晒干制作成花草茶。莲子可以生吃，可以晒干并爆成爆米花，煮软后加上些糖可以做成莲蓉，是月饼、年糕等食品的馅料。自古中国人民就视莲子为珍贵食品。

莲藕是最好的蔬菜和蜜饯果品。莲叶、莲花、莲蕊等也都是中国人民喜爱的药膳食品。

莼　菜

　　莼菜，又名马蹄菜、湖菜，为多年生草本，属于莼菜科莼菜属。植株含有胶质蛋白、碳水化合物、脂肪、维生素、矿物质等营养物质，还可入药，具有清热解毒、利水消肿的功效，是重要的药食兼用植物。

水　芋

　　水芋，为多年生草本，属于天南星科水芋属。根茎可食用；叶卵形；佛焰苞小，宿存，呈白色、粉红色或黄色；子房一室；果实为浆果。

蒲　菜

　　蒲菜，又名蒲笋、蒲芽、蒲白、蒲儿根，是指香蒲嫩的假茎。蒲菜是中国传统的植物食材，主要分为绿茎和红茎两大类。可入药，具有清热解毒、利水消肿的功效，是重要的药食兼用植物。

莼菜

鱼 腥 草

鱼腥草

　　鱼腥草，又名折耳根，岑草、蕺、紫蕺、野花麦等，属于三白草科蕺菜属，为多年生草本植物，产于中国长江流域以南各地。鱼腥草具有清热解毒、排脓消痈、消肿通淋等功效，可以用于治疗肺热喘咳、肺痈吐脓、热痢、疟疾、水肿、痈肿疮毒、热淋、湿疹等症。植株含有碳水化合物、膳食纤维、维生素、胡萝卜素、钙、磷、钾、钠、镁、铁、锌、铜、锰等营养物质。

　　鱼腥草植株高30～50厘米，全株有腥臭味；茎上部直立，常呈紫红色，下部匍匐，节上轮生小根。叶互生，薄纸质，有腺点，背面尤甚，卵形或阔卵形，长4～10厘米，宽2.5～6厘米，基部心形，全缘，背面常呈紫红色；掌状叶脉5～7条；叶柄长1～3.5厘米，无毛；托叶膜质长1～2.5厘米，下部与叶柄合生成鞘。花小，夏季开，无花被，排成穗状花序；穗状花序与叶对生，长约2厘米，总苞片4枚，生于总花梗顶，呈白色，花瓣状，长1～2厘米；雄蕊3枚，花丝长，下部与子房合生；雌蕊由3枚合生心皮所组成。蒴果近球形，直径2～3毫米，顶端开裂，具宿存花柱。种子多数，卵形。花期5～6月，果期10～11月。

碳水化合物

　　碳水化合物由碳、氢、氧组成，是自然界中存在最多、分布最广的有机化合物，也是维持生物体生命活动的能量来源，包括葡萄糖、蔗糖、淀粉和纤维素等。碳水化合物分为有效碳水化合物和无效碳水化合物两类。

胡萝卜素

　　胡萝卜素被摄入人体的消化器官后，可转化成维生素A，是构成视觉细胞内的感光物质，具有保护眼睛、促进生长发育等作用，能够改善夜盲症的症状，防止皮肤变得粗糙。

膳食纤维

　　膳食纤维是不能被人体消化的碳水化合物，分为水溶性纤维和非水溶性纤维两类，包括纤维素、树脂、果胶、木质素等。膳食纤维具有清洁消化壁和增强消化功能的作用，能够减缓消化速度

走进大自然
ZOU JIN DA ZI RAN

水　葱

水葱

　　水葱，又名翠管草、冲天草，属于莎草科镰草属，为多年生宿根挺水草本植物，自然生长在池塘、湖泊边的浅水处、稻田的水沟中。水葱无明显的花朵，单个难以引起注意，但若栽植在水生群落中，与荷花、睡莲、慈姑等相衬呼应，能够令整个水体倍显自然情趣和田园风光。水葱秆可编席子、花篮等用品。植株挺立，生长葱郁，色泽淡雅洁净，可栽于池隅、岸边，作为水景布置中的障景或后景，盆栽可以进行庭院布景。

　　水葱植株高1～2米，茎秆高大通直，很像大葱，但不能食用，杆呈圆柱状，中空；根状茎粗壮，匍匐，须根很多。基部有3～4个膜质管状叶鞘，鞘长可达40厘米，最上面的一个叶鞘具叶片；叶片线形，长2～11厘米。圆锥状花序假侧生，花序似顶生；苞片由秆顶延伸而成，椭圆形或卵形小穗单生或2～3个簇生于辐射枝顶端，长5～15毫米，宽2～4毫米，上有多数的花；鳞片为卵形，顶端有小凹缺，边缘有绒毛，背面两侧有斑点；下位刚毛6条，具倒刺，呈棕褐色，与小坚果等长；雄蕊3枚，柱头两裂，略长于花柱。小坚果倒卵形，双凸状，长2～3毫米。花果期6～9月。

葱

　　葱为多年生草本，属于百合科葱属，是中餐中重要的调味蔬菜。植株雌雄同体，须根呈白色，叶圆筒形中空，鳞茎圆柱形，花序为伞形花序，果实为蒴果。葱可入药，可用于治疗伤风感冒、腹部受寒、胃寒等症。

叶　鞘

　　叶鞘是指叶片或叶柄基部将茎部分或全部紧密包围的部分，一般基部较宽或扩大成片状，开裂或闭合，由叶原基下部细胞分裂而成，具有保护幼芽、增强茎支撑能力的作用。

坚　果

　　坚果是闭果的一类，果皮坚硬，内含1粒种子，一般含有蛋白质、矿物质、维生素等营养物质。板栗、核桃、松子、榛子、开心果等果实均属于坚果。

水生植物的饲用价值

　　水生植物可作为饲料或绿肥，如马来子菜常作为猪饲料和绿肥；苦草可饲喂草食性鱼类；芜萍可作为鱼类饵料；紫萍等既是草鱼的饵料，又可喂猪、鸭；凤眼莲、水浮萍是高产的青饲料和绿肥；荇菜是一种良好的水生青绿饲料，切碎后可以喂猪和家禽，鲜草的产量相当高，生长盛期可以一次性收获；凤眼莲是饲养獭兔的优质饲料。利用水生植物构建天然生态环境，养殖名贵水产品，水生植物已成为养殖者的首选。

　　芦苇草地有季节性积水或过湿，加之是高草地，适宜马、牛大畜放牧。芦苇地上部分植株高大，又有较强的再生力，以芦苇为主的草地，生物量也是牧草类较高的，除放牧利用外，可晒制干草和青贮。青贮后，草青色绿，香味浓，羊很喜食，牛马亦喜食。

芜　萍

芜萍，为一年生草本，漂浮生长，属于芜萍科无根萍属，是养殖鱼类幼鱼的优良饵料。叶状体细小，椭圆形，以芽繁殖。

紫　萍

紫萍，又名紫背浮萍、水萍，为一年生草本，漂浮生长，属于浮萍科紫萍属，常生长于水田、水塘、水沟等处与浮萍混合生长，是常见的杂草。叶状体倒卵状圆形。以芽繁殖，很少开花。

浮　萍

浮萍，是浮萍科植物的总称。本科的植物全草是畜禽的优良饲料，浮水草本。叶状体扁平，倒卵形或椭圆形，花雌雄同株，佛焰苞翼状。用种子繁殖或分株繁殖。

凤眼莲

水生植物的观赏价值

荷花

　　水生植物景观能够给人一种清新、舒畅的感觉，它不仅可以用来观叶、品姿、赏花，还能欣赏映照在水中的倒影。水生植物以其洒脱的姿态、优美的线条和绚丽的色彩，点缀着形形色色的水面和岸边，并容易形成水中美丽的倒影，具有很强的造景功能。水生植物历来是构建水景的重要素材之一，像风吹苇海、月照荷塘这类风光，都会令人触景生情产生美的遐想；而曲水荷香、柳浪闻莺这类景点，皆是因为用水生植物造景而远近闻名。水生植物的蔓延繁殖，增加了土壤中有机质的含量，提高了土壤的持水性，改善了土壤的结构与性能。另外，水生地被植物栽于水陆交界之处，其发达根系较强的扭结力，能减少地表径流，防止水的侵蚀和冲刷。水生植物镜面草传入欧洲以后，在英国、瑞典、挪威等国，已为植物园和园艺爱好者引种栽培，被视为室内观叶花卉之珍品，深受人们的喜爱。

水　　景

水景是指人造或天然形成的位于水体之上的景观，由植物和建筑物组成，是中国传统园林造景的一部分。现代的喷泉也是人造水景的一种，具有极高的观赏价值。

土壤结构

土壤结构包括块状结构体、片状结构体、柱状结构体、棱状结构体、团粒结构体。不同的土壤结构的含水量、土壤有机质的含量都不同，对植物生长发育的影响也不同。

地表径流

大气降水落到地面后，一部分沿地面流动，形成的水流称为"地表径流"。这部分降水没有进入土壤，沿着地表形成漫流，注入河流 最后注入海洋。

荷花

105

镜 面 草

　　镜面草，又名翠屏草，为多年生肉质草本植物，属于荨麻科冷水花属。该种为重要观叶花卉植物，特产于中国，在中国广为栽培，很难发现它们的野生群。镜面草的肉质叶肥厚近圆形，叶柄盾状着生，很像古代的镜子。镜面草叶片呈深绿色，有光泽，叶的中央上方叶柄着生处有一个金黄色的圆点，因此又被称为"一点金"；翠绿色的叶片又像圆形的屏风，因此又被称为"翠屏草"。镜面草较耐寒，喜阴，应在有遮阴条件的地方养护，一般用作盆栽观赏。

　　镜面草植株丛生，具根状茎；茎直立，粗壮，不分枝，高约20厘米；节很密集，带绿色，干时变成棕褐色。叶聚生茎顶端，茎上部密生鳞片状的托叶，叶痕大，半圆形；叶片肉质，干时变成纸质，近圆形或圆卵形，上面呈绿色，下面呈灰绿

冷水花

色；叶柄长2～17厘米；托叶鳞片状，呈淡绿色，干时变成棕褐色，三角状卵形，长约7毫米，密布条形钟乳体。雌雄异株；花序单个生于顶端叶腋，聚伞圆锥状，长10～28厘米，花疏松地排列于曲折生长的花枝上，苞片小；雄花具梗，带紫红色；退化雌蕊很小，长圆形。果实为瘦果，卵形，稍扁，歪斜，长约0.8毫米，表面有紫红色细疣状突起。花期4～7月，果期7～9月。

托　　叶

托叶是细小或膜质的片状物，位于叶柄基部，一般先于叶片长出，具有保护幼叶和芽的作用。根据托叶的存在与否，托叶分为托叶早落和托叶宿存两类。不同植物的托叶的大小、形状都不同。

钟　乳　体

钟乳体是指植物细胞内的一种碳酸钙结晶，由碳酸钙和细胞壁结合形成，是一种带柄的球形结构，常见于高等植物的薄壁组织和表皮。

瘦　　果

瘦果是干果的一种，属于闭果，由具有单一心皮的子房发育而成，果实内仅含有一枚种子，种子只有一处与子房壁相连，成熟时种皮与果皮易分开。向日葵、蒲公英的种子都属于瘦果。

瘦果

华 凤 仙

　　华凤仙，又名水指甲花、象鼻花，属于凤仙花科凤仙花属，为一年生草本植物，是常见的野生花卉，生于潮湿地或水边、田边。茎、叶可入药，具有清热解毒、活血散瘀、消肿拔脓等功效。

　　华凤仙植株高30～60厘米，茎下部伏地，生根，上部直立，节上有2至多枚托叶状的刺毛。叶对生，线形或线状长圆形至倒卵形，长2～10厘米，宽0.5～1厘米，先端短尖或钝，基部浑圆或近心形，边缘有疏离的小硬尖刺；叶柄极短或无柄。花呈红色或白色，腋生，单生或数个聚生，径1～2厘米；外面的萼片延伸成细尾状，并内弯成钩形；旗瓣圆形，渐尖；翼瓣半边倒卵形，基部一侧有耳。蒴果椭圆形，中部膨大。花期夏季。

凤仙

萼　片

花萼是指一朵花的所有萼片，位于花的外轮，一般呈绿色，不同植物的萼片数目不同。花瓣状的萼片称为"瓣状萼"，全部分离的萼片称为"离萼"，全部或基部连合的萼片称为"合萼"，花谢后不脱落的萼片称为"宿萼"。

旗　瓣

旗瓣是指蝶形花冠最上的一枚花瓣。蝶形花冠具花瓣5枚，排列成蝶形，包括1枚旗瓣、2枚翼瓣和2枚龙骨瓣等，常见于豆科植物、鸡血藤。

翼　瓣

翼瓣是指蝶形花冠旗瓣下面的翼状瓣，两侧各有一枚，外形很像鸟的两翼的正面，昆虫能停留其上。

蝶形花

水生植物的药用价值

　　荷花的叶、梗、蒂、节、种子、花蕊均可以入药。千屈菜具有清热、凉血、收敛、破经、通瘀等功效，可用于治疗痢疾、淤血经闭等症，适合做成药粥。菖蒲具有开窍、化痰、健胃等功效，可以用于治疗癫痫、痰热惊厥、胸腹胀闷、慢性支气管炎，外敷治疗痈疽疥癣。荸荠具有破积攻坚、止血、止痢、解毒、发痘、醒酒的功效。鸭舌草具有清热解毒的功效，可以用于治疗感冒高热、肺热咳喘、百日咳、痢疾、肠炎、疮肿等症。石菖蒲的茎、叶和须根可入药，具有开窍、豁痰、理气、活血、散风、去湿等功效，可以用于治疗癫痫、痰厥、气闭耳聋、心胸烦闷、胃痛、腹痛、风寒湿痹、跌打损伤等症。灯心草的茎髓或全草入药，具有清热、利水渗湿等功效，可用于治疗水肿、心烦不寐、喉痹、创伤等症。木贼具有疏散风热、明目退翳的功效，可以用于治疗风热目赤、迎风流泪、出血等症。

鸭舌草

槐 叶 苹

槐叶苹，为一年生水草，漂浮生长，属于槐叶苹科槐叶苹属，是稻田常见的杂草。根茎平展于水面之上；叶细长、横走，具短柄，叶脉离生，孢子果球形或近球形。

三白草

鸭 舌 草

鸭舌草，又名接水葱、鸭儿嘴、水玉簪，属于雨久花科雨久花属。根状茎极短，茎直立或斜上，叶基生或茎生，花序为总状花序，花呈蓝色，果实为蒴果。植株可入药，具有清热解毒的功效。

三 白 草

三白草，又名水木通、田三白、白叶莲、三点白，为多年生草本，属于三白草科三白草属，常生于水边。根茎呈白色，茎直立，叶纸质，卵形，花序为总状花序。全株可入药，具有清热解毒、利尿消肿的功效。

穿 心 莲

　　穿心莲，又名春莲秋柳、一见喜、苦胆草、斩蛇剑、圆锥须药草、日行千里、四方莲、金香草、金耳钩、春莲夏柳、印度草、苦草，属于爵床科穿心莲属，为一年生水生草本植物。植株可入药，具有清热解毒、消肿止痛、凉血燥湿等功效，可以用于治疗外感发热、温病初起、肺热咳喘、蛇虫咬伤、细菌性痢疾、肠炎、咽喉炎、肺炎、流行性感冒等症，外用可治疗疮疖肿毒、外伤感染等症。

　　穿心莲植株高30～80厘米，茎、叶味极苦，干后呈黑。茎直立，四凌形，下部多分枝，节膨大。叶对生，卵状矩圆形至矩圆状披针形，长6～8厘米，宽1.5～2.5

厘米，两端渐尖，基部稍卵圆形，全缘，下面色较淡。花由总状花序组或疏散的圆锥花序，花枝横展；花萼裂片条状披针形，长约3毫米，有短柔毛；花冠二唇形，筒部长约5毫米，上唇顶端极浅2裂，下唇深3裂，长约6毫米，全部呈白色，但下唇中裂片的中央有2块紫黑色斑纹；雄蕊2枚，花药呈紫黑色，花丝全部被长软毛。蒴果直立，条形且扁，略尖头，中央有1条纵沟，长10～15毫米，宽2～3毫米，近无毛，果梗长约5毫米。种子近四方形，呈黄色至深棕色。花期9～10月，果期10～11月。

花　　序

花序是指许多花按照一定规律排在总花轴上，分为无限花序和有限花序两大类。无限花序分为总状花序、穗状花序、柔荑花序、肉穗花序、伞房花序、伞形花序、头状花序、隐头花序。有限花序分为单歧聚伞花序、二歧聚伞花序、多歧聚伞花序。

总状花序

总状花序属于无限花序，花轴较长，不分枝，多朵小花自下而上依次着生于花轴上，小花花柄等长，自下而上开放。穗状花序、头状花序、伞形花序、伞房花序等均由总状花序演化而来。

穿心莲内酯

穿心莲内酯是植物穿心莲的主要有效成分，具有清热解毒、消炎止痛的功效，是天然的抗生素，难溶于水，可用于治疗细菌性痢疾、急性肠胃炎、扁桃体炎等，但可引发过敏反应，严重时致死。

水生植物的生态价值

芦苇

　　高等水生植物吸收大量的氮、磷等营养元素，从而达到净化水体的作用，为微生物和微型生物提供了附着基质和栖息场所。水生植物的根系还能分泌促进嗜磷细菌和嗜氮细菌生长的物质，从而间接提高净化率。浮水植物发达的根系能过滤水中的不溶性胶体。某些水生植物根系还能分泌出克藻物质。作为指示物种，水生植物的生长、生存和繁殖等情况可直接或间接反映出某个水域或水体相应的物理、化学及其他环境情况，显示水体的受污染程度，有利于调控水质变化。常见的具有指示水污染作用的水生植物有芦苇、凤眼莲、水花生、香蒲、水葱等。水生植物对于富营养化水体、城市污水、农村污水、工业废水、重金属废水及其他废水表现出良好的净化效果，如芦苇的耐污能力、净化能力较强，可吸收重金属汞和铅，其对水体中磷的清除率可达65％。在净化污水的同时，水生植物对被污染水体有一定的修复作用。莲藕地下茎能吸收水中的好氧微生物分解污染物后的产物，所以荷花可帮助污染水域恢复食物链结构，促使水域生态系统逐步实现良性循环。

富营养化水体

富营养化水体是指在人类活动的影响下，氮、磷等营养物质大量富集的缓流水体，这种水体的藻类和浮游生物繁殖迅速，水体溶解氧含量非常低，水质极度恶化，水生生物大量死亡，包括水华、赤潮等。

重　金　属

重金属是指相对密度在5以上的金属，包括、铅、锌、锡、镍、钴、锑、汞、镉、铋等。这些金属在人体中累积达到一定程度，会造成人慢性中毒，其中铅、汞、铬、砷、镉对人体的危害最大。

好氧微生物

好氧微生物，又名好氧性细菌，是指在有氧环境中生长繁殖，进行有氧呼吸的细菌，包括大多数细菌、放线菌和真菌。制作酸奶必需的乳酸菌就是好氧性细菌，对人体有益。

水葱

凤 眼 莲

　　凤眼莲，又名水葫芦、水浮莲、布袋莲、凤眼蓝，属于雨久花科凤眼莲属，为多年生草本植物，原产于南美洲，在向阳、平静的水面，或潮湿肥沃的边坡生长，现在，已成为中国危害严重的外侵植物。全草入药，具有清热解暑、散风发汗、利尿消肿等功效，可以用于治疗皮肤湿疹、风疹、中暑烦渴等症。

　　凤眼莲植株高30～50厘米，水生须根发达，漂浮水面或根生于浅水泥中；茎极短缩，具长匍匐枝。基部丛生叶片莲座

状，宽卵形或菱形，光滑；叶柄基部膨大，中空有气，使植株浮于水面；叶单生，荷叶状，叶顶端微凹，圆形略扁；秆（茎）呈灰色，泡囊稍带点红色。花呈浅蓝色，多棱，花瓣上生有黄色斑点，看上去像凤眼；花茎单生，穗状花序，有花6～12朵；雄蕊6枚，雌蕊1枚，花柱细长，子房上位。花期7～9月。

凤眼莲

外侵植物

外侵植物是指在一个特定的生态系统中，通过不同途径从其他地区传播来的植物，这些植物不是原地区自生和进化而来的，但在原地区的自然状态下能够生长和繁殖，一般会影响原地区植物的生长发育。

穗状花序

穗状花序属于无限花序，是总状花序的一种类型，花序轴直立，较长，许多小花着生于花序轴上，小花不具有花柄。禾本科、苋科、蓼科、莎草科的许多植物的花序均为穗状花序。

两 性 花

两性花是指雌蕊和雄蕊同时存在于被子植物的同一朵花上，分为完全花和不完全花两类。樱花、蔷薇、百合、白菜、兆花、小麦等植物的花均为两性花。

蔷薇

水生植物的文化价值

葱莲

　　在中国花文化中，荷花是最有情趣的咏花诗词对象和花鸟画的题材，是最优美多姿的舞蹈素材，也是各种建筑装饰、雕塑工艺及生活器皿上最常用、最美的图案纹饰和造型。自北宋周敦颐在《爱莲说》中写了"出污泥而不染，濯清涟而不妖"的名句后，荷花便成为"君子之花"。菖蒲在中国的传统文化中具有重要的地位，端午节在门口挂艾草、菖蒲（蒲剑）或石榴、胡蒜，通常将艾、榕、菖蒲用红纸绑成一束，然后插或悬在门上。菖蒲的叶子形状似剑，民间方士称之为"水剑"，说它可"斩千邪"，菖蒲插在门口可以避邪。。菖蒲身上这层驱邪避害的文化含义使它成了人们过端午节时必不可少的一件物品。

花　　瓣

花是植物的生殖器官，一般由花梗、花托、花萼、花冠、雌蕊和雄蕊组成。花瓣则是花冠的组成部分，位于花被内部。花瓣具有多种颜色和形状，是观赏花卉重要的观赏部位。有些花瓣可以食用或入药。

花　　苞

花苞，又称为花蕾，俗称花骨朵，是指植物的花芽发育接近开花的状态。此时的花瓣多紧紧聚合在一起，从外面看不见里面的雌蕊和雄蕊等器官。含苞待放是植物的一个重要的观赏时期。

花　　被

花被是一朵花中的花萼与花冠的合称，位于雄蕊和雌蕊的外围。花冠是全部花瓣的统称；花萼是萼片的统称，位于花冠下方。

小荷才露尖尖角

中华水韭

凹叶厚朴

中华水韭，又名华水韭，属于水韭科水韭属，多年生沼泽地植物。因其形状像韭菜而得名，本种为中国特有濒危水生蕨类植物，生于沼泽、山沟淤泥地及浅水池塘边。中华水韭属国家一级重点保护野生植物，是经第四纪冰川后残存下来的孑遗植物，没有复杂的叶脉组织，在分类上被列为似蕨类（小型蕨类），在系统演化上具有很高的研究价值。它还是一种沼泽指示植物。

中华水韭植株高15～30厘米；根茎肉质，块状，呈2～3瓣；叶丛生，覆瓦状排列，多汁，草质，呈鲜绿色，线形，长15～30厘米，宽1～2毫米；孢子囊椭圆形，长约9毫米，直径约3毫米，具白色膜质盖。

濒危植物

濒危植物包括槭叶梣、羊角槭、蕉木、刺五加、马蹄参、刺参、八角莲、青陀鹅耳枥、天目铁木、伯乐树、夏蜡梅、七子花、金铁锁、膝柄木、连香树、半日花、莕翅藤、小花异裂菊 、白菊木、雪莲、隐翼、四数木、盈江龙脑香、狭叶坡垒、望天树、青皮、翅果油树、岩高兰、松毛翠、蓝果杜鹃、大树杜鹃、大王杜鹃、杜仲、蝴蝶果、海南巴豆、华南锥、大果青冈、光叶天料木、瓣鳞花、短穗竹、药用野生稻、金丝李、山铜材、半枫荷、云南七叶树、海菜花、喙核桃、油丹、天竺桂、银叶桂、天目木姜子、滇楠、楠木、顶果木、沙冬青、黄芪、降香黄檀、胡豆莲、红豆树、任木、剑叶龙血树、延龄草、云南紫薇、长蕊木兰、天目木兰、厚朴、小花木兰、香木莲、大叶六莲、华盖木、合果木、粗枝木楝、红椿、藤枣、见血封喉、滇波罗窭、兰花蕉、琴叶风吹楠、珙桐、合柱金莲木、蒜头果、羽叶丁香、百湖柳叶菜、双蕊兰、草苁蓉、肉苁蓉、槿棕、水椰、巨花远志、短柄乌头、星叶草、独叶草、紫斑牡丹、小勾儿茶、锯叶竹节树、山红树、山楂海棠、绵刺、黄山花楸、太行花、绣球茜、香果树、巴戟天、黄檗、田林细子龙、伞花木、爪耳木、千果木、紫荆木、黄山梅、胡黄连、银鹊树、海南梧桐、蝴蝶树、粗齿梭罗、银钟花、白辛树、木瓜红、秤锤树、蒟蒻薯、沙生柽柳、圆籽荷、金花茶、红皮糙果茶、长瓣短柱茶、野茶树、紫茎、土沉香、柄翅果、桂滇桐、领春木 油朴、青檀、瑯玡榆、明党参、珊瑚菜、火麻树、苦槠、四合木等。